破壊戦

新冷戦時代の秘密工作

古川英治

角川新書

はじめに

イギリス政府が２０２０年10月、東京五輪を主催する組織や関連企業に対して、ロシア情報機関がサイバー攻撃を仕掛けていたと公表した。組織的なドーピングにより五輪から排除されているロシアは、リオ五輪や平昌（ピョンチャン）五輪でもサイバー攻撃による妨害工作をした疑いがある。それでも、日本の多くの政策担当者にとっては寝耳に水だったようだ。私は危機感を持たずにはいられない。

私は特派員として2回、モスクワに赴任した。その間、ロシアが背後にいると見られる事件が欧米で頻発した。ウラジーミル・プーチン政権は14年、軍事行動の事実を否認しながら、プロパガンダやサイバー攻撃を絡めた「ハイブリッド戦」でウクライナ領のクリミア半島を併合し、同国東部への軍事介入をいまも続ける。欧米と対立を深めたロシアは、各国の選挙に干渉、ネット情報の操作や、サイバー攻撃、政財界人の取り込み工作などにより民主社会を侵すようになる。ヨーロッパを舞台に、猛毒による襲撃事件や暗殺も相次いだ。私は闇の世界に引き込まれるように、取材にのめりこんでいった。

個々の事件の真相を追うなかで、東欧リトアニアのビリニュス大学の研究員、ネリウス・マリウケビーチュスとの17年の議論を通じ、私のなかである方向性が見えてきた。軍事力や経済力による「ハードパワー」、文化や政治的価値観に基づく「ソフトパワー」で欧米に劣るロシアは、「ダークパワー」とも呼べる秘密工作で自由・民主社会を壊そうとしている——。

アメリカと伍する核戦力はともかく、ロシアの経済規模は米国の10分の1以下、日本と比べても3分の1に満たない。そんなロシアが世界をかき回し、影響力を振るうのは、ダークパワーによるところが大きい。

ロシア政府関係者も私の取材で、こんなことを語った。

「まともな世界ならロシアは大国にはなれない。しかし、秩序なき生き残り競争なら、我々の方が(民主国家よりも)使える手段が多く、有利だ」

これはダークパワーの告発の書である。日本からは遠いことのように感じられるかもしれないが、決して他人事ではない。欧米と程度の差こそあれ、ロシアは日本も標的にしている。20年1月にもソフトバンクから機密情報を奪ったロシアのスパイ事件が発覚している。この時に取材したある日本の警察高官は、表沙汰にされない政治家や官僚、記者らを狙ったロシアの取り込み工作は過去に何度も起きていると明かした。

目次

特にことわりのない限り、写真は著者撮影
地図作成　フロマージュ　／　ＤＴＰ　オノ・エーワン

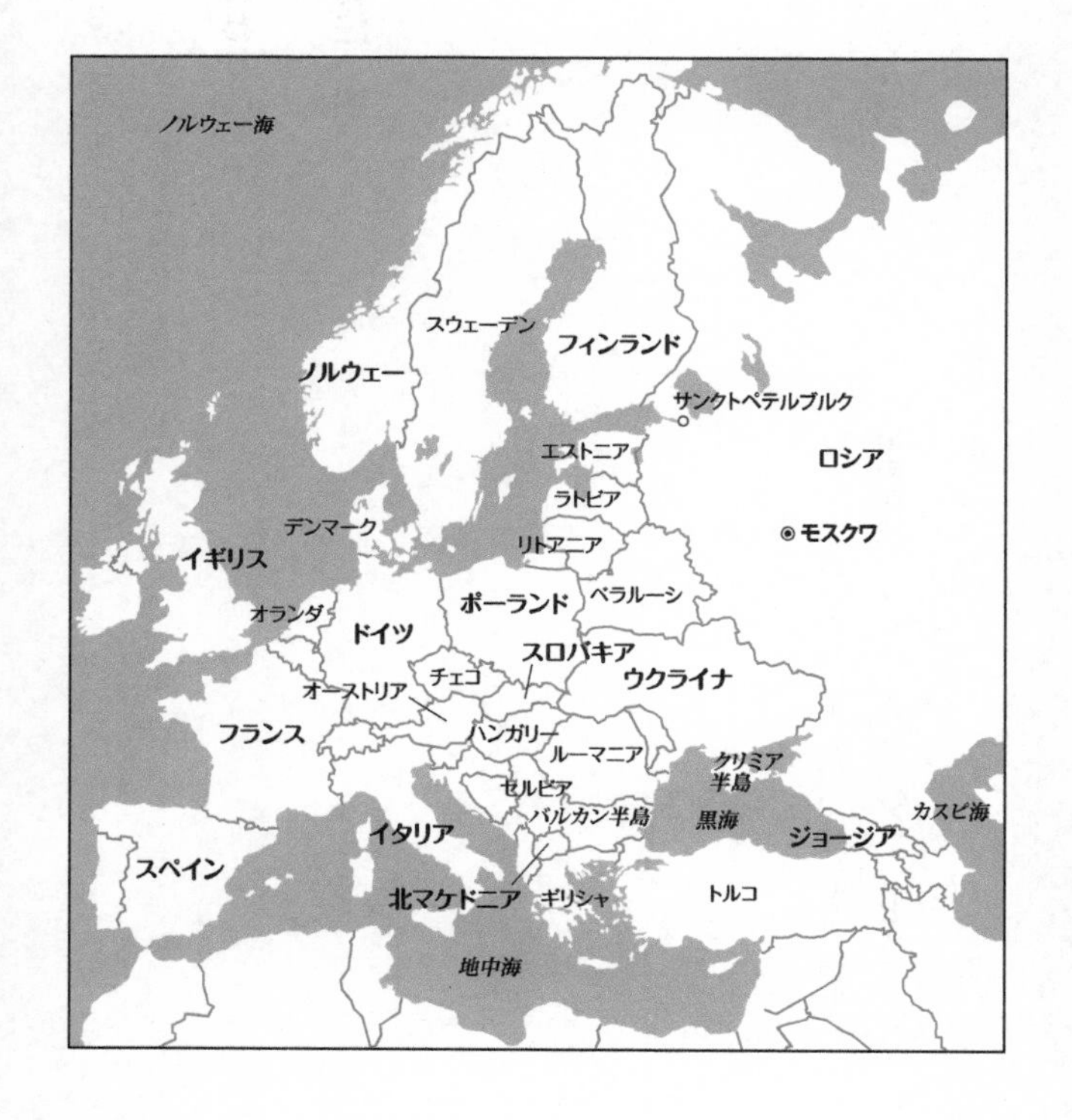
ノルウェー海
スウェーデン
フィンランド
ノルウェー
サンクトペテルブルク
エストニア
ロシア
ラトビア
デンマーク
モスクワ
イギリス
リトアニア
ベラルーシ
オランダ
ポーランド
ドイツ
スロバキア
チェコ
ウクライナ
オーストリア
フランス
ハンガリー
ルーマニア
クリミア半島
セルビア
バルカン半島
黒海
カスピ海
イタリア
ジョージア
スペイン
北マケドニア
ギリシャ
トルコ
地中海

第一章

工作員たちの「濡れ仕事」

1．3つの猛毒事件

毒を盛られた反体制指導者

２０２０年8月20日、日本時間昼過ぎ、ＢＢＣの速報ニュースを見て、私は強い衝撃を受けた。

「ロシアの反体制指導者アレクセイ・ナワリヌイ『毒盛られ』昏睡(こんすい)状態」

ツイッターを見ると、ナワリヌイに同行する広報担当者が何本もツイートし、状況を伝えていた。[1]

「今朝、ナワリヌイは（西シベリアの）トムスクからモスクワに戻る機内で気分が悪くなり、飛行機はオムスクに緊急着陸した。私たちはいま救急車で病院に向かっている」

「朝空港で、彼が飲んだ紅茶に毒が混入されていたと疑っている……アレクセイはいま意識がない」

ネット上にはナワリヌイが搭乗した機内の様子を捉(とら)えた映像が投稿されている。[2] 姿は見えないが、苦しむナワリヌイの叫び声が響きわたる。あまりの痛々しさに私は思わず耳を塞(ふさ)いでしまった。

私はモスクワで2度（18年と19年）、ナワリヌイにインタビューしたことがある。40代で若々しく、長身でイケメン。どんな質問にもストレートに、自信たっぷりに語り、野心も隠さない。そして少し茶目っ気もある。魅力的な人物だった。

18年のロシア大統領選前のインタビューで、プーチン体制に挑む理由を尋ねると、こんな答えが返ってきた。

「プーチンが悪い大統領だからだ。プーチンの統治方法とはつまり汚職だ。忠誠さえ誓えば何を盗んでも許す。ロシアは資源に恵まれた豊かな国なのに、その富は一体どこに消えたのか。汚職は開けっ広げにそこら中で行われている。プーチンは私たちの未来を潰（つぶ）しているのだ。私の祖国はこしかない。だから戦っているんだ……もちろん私は国の指導者になりたいと思っている。野心のない政治家なんて政治家じゃないだ

19年にインタビューした際のアレクセイ・ナワリヌイ。毒を盛られ、一時瀕死の状態となりながらも、ロシアに戻ることを明言している

ろ」

ナワリヌイは11年に「反汚職基金」を設立し、徹底してプーチン政権の汚職の調査を行い、ネット上で糾弾する方法で政権に圧力を掛けてきた。

当時首相だったドミトリー・メドベージェフの莫大（ばくだい）な蓄財ぶりを、映像や証拠文書を交えて告発した17年の調査報告は、ユーチューブでこれまでに3000万回以上再生されており[3]、ロシア全土での反政権デモにつながった。反体制運動を全国規模に広げた政治家は、いまだかつてナワリヌイしかいない。

プーチンはそんな政敵を「彼」と呼び、公の場でナワリヌイの名前を決して口にしない。私が18年のインタビューで「どうしてだと思う？」と問うと、「獣（けだもの）の名を口にすると食われるという古来の教えに従っているのではないか」とナワリヌイは笑った。

私はこの時、不届きな質問もしている。

「あなたはなぜまだ生きているのか」

ナワリヌイはまた笑い声を上げ、そのあと少しシリアスな面持ちで語った。

「正直、分からない。彼らの頭は合理的に動いていないから……（野党指導者のボリス）ネムツォフは（15年に）不条理にも殺害された。私はまだ生きているが、政治活動を取り巻く環境はひどいものだ。私はこれまでに何度も拘束され、監獄で数カ月過ごした。私のもとで働く多くの活動家も拘束されている。プーチンが究極の措置に出ていないのは、反体制派である私が（その死により）英雄のように祭り上げられるのを恐れているのかもしれない」

20年9月2日、ナワリヌイをシベリアから自国の病院に搬送したドイツ政府が、ソ連時代に開発されたノビチョク系の神経剤が盛られた「疑いのない証拠」が見つかったと発表した。ドイツ政府の要請で、ナワリヌイの血液と尿のサンプルを分析したＯＰＣＷ（化学兵器禁止機関）も、ノビチョク系の物質を確認し、ドイツの主張を裏付けた。ノビチョクは米ソ冷戦時代には軍の極秘中の極秘といわれた化学兵器であり、殺傷力はサリンの5〜10倍とされる。

ドイツ首相アンゲラ・メルケルはこれまでにない厳しい言葉で批判した。

「ナワリヌイ氏は毒殺の試みの犠牲者だ。ロシア政府だけが答えることができ、答えなくてはならない重大な疑惑だ」

ナワリヌイは幸いなことに、回復したが、疑惑が消えたわけではない。本人は退院後すぐ、ドイツのニュース週刊誌シュピーゲルのインタビューに答え、「プーチンの指示なしに（ノビチョク使用の）決定は下せない」と主張した。[4]

プーチンが指示したのかはともかく、ノビチョクの入手には政府機関が絡んでいるとしか考えられない。ロシア側は毒による襲撃を否定し、捜査に動こうともしない。政権統制下のメディアは事件後すぐ「西側による陰謀論」を流布し始めた。仏紙ルモンドの報道によれば、プーチンはフランス大統領エマニュエル・マクロンとの電話協議で、ナワリヌイが自分で服毒した可能性があると発言したという(5)。

こんな場面は過去に何度も繰り返されてきた。これまでに暗殺されたり、毒物で襲撃されたプーチンの「政敵」や「裏切り者」は1人や2人ではない。ノビチョクによる襲撃事件は2年前にも起きている。

放射性物質で殺害

その現場はイギリス南西部の人口5万の街ソールズベリーだった。ヨーロッパが寒波に見舞われ、イギリスでも積雪が多かった18年の3月、GRU（ロシア連邦軍参謀本部情報総局）の元スパイ、セルゲイ・スクリパリと娘が屋外のベンチで意識不明の状態で見つかり、駆けつけた警察官も一時重体に陥った。神経剤の痕跡(こんせき)が見つかり、防護服を着た軍部隊が展開し、街は騒然とした。

スクリパリはイギリス情報機関（MI6）に情報を提供した二重スパイとして、ロシアで06年に禁錮(きんこ)13年の有罪判決を受けた。10年になってアメリカとロシアの間のスパイ交換で釈放され、ソールズベリーに住んでいた。

私は当時、モスクワ支局に赴任中で、2週間後に控えたロシア大統領選の取材と企画の準備に追われていた。ニュースを見て、すぐに12年前に起きたある事件を思い出した。ノビチョクという猛毒が使われたことが判明し、外交官の追放合戦に発展すると、私はロンドンに電話を掛けた。

「あの時と同じ光景よ。こんな事件が繰り返されるなんて……本当に信じがたいわ」

電話の相手であるイギリス亡命中のロシア人、マリーナ・リトビネンコは声を震わせていた。

スクリパリが訪れたソールズベリーのレストラン。事件発生から2カ月後も閉鎖されていた

　マリーナの夫、アレクサンドル・リトビネンコは06年11月、ロンドンで放射性物質「ポロニウム２１０」を盛られて殺害されている。放射線の影響で頭髪が抜け落ち、衰弱して集中治療室のベッドに横たわるリトビネンコの映像は世界を震撼させ、いまも私の頭に焼き付いている。

　リトビネンコは、もともとソ連時代のＫＧＢ（国家保安委員会）とその後継機関であるＦＳＢ（連邦保安局）のスパイだった。１９９８年、政治家や企業家の契約殺人や脅しに手を染める組織の腐敗ぶりを、同僚とともに記者会見で告発した。当時のＦＳＢ長官はプーチンだ。リトビネンコはそれ以降、繰り返し投獄されるなど弾圧を受けるようになり、イギリスに亡命した。

リトビネンコは亡命後もプーチン政権への批判を弱めず、99年に起きたモスクワなど数カ所のアパート連続爆破事件がＦＳＢによる偽装テロだったと主張する。約３００人の犠牲者が出たこの事件は、ロシアからの独立運動がくすぶる同国南部チェチェン共和国への侵攻につながった。その時、ＦＳＢ長官から首相に昇格していたプーチンが、チェチェン独立派によるテロと断定して報復戦争に乗り出し、支持率を一気に高めて大統領に上り詰めた経緯がある。

イギリス当局は、リトビネンコが亡くなる直前にポロニウムが盛られたと発表した。元ＫＧＢのアンドレイ・ルゴボイらが、ロンドンのホテルでリトビネンコと会った際に紅茶にポロニウムを混ぜたと断定したのだ。ポロニウムの痕跡は、容疑者ルゴボイらが滞在したホテルや、ロンドンとモスクワを結ぶ飛行機内でも見つかっている。イギリス側の容疑者の引き渡し要求を、ロシアは拒否した。ルゴボイは後に国会議員となり、プーチンから勲章まで授かっている。

イギリスはロシア外交官を追放したが、それ以上踏み込んだ制裁はしていない。同国内務省の公開調査委員会が、「プーチンとFSB長官のニコライ・パトルシェフが『おそらく暗殺計画を承認した』」と結論付けたのは16年になってからだ。[6] 事件から実に10年も経っていた。

私がマリーナと知り合ったのはその翌年のことだ。悲劇に見舞われた未亡人というイメージを持っていたが、話してみると、実に大らかな人柄だった。1度ロンドンで食事をともにした際、ソ連時代にダンスパーティーで初めてリトビネンコと出会った時のことをあけすけに語ってくれたことが印象に残っている。

マリーナ・リトビネンコ

それでもスクリパリ事件を巡って電話で話した時、マリーナは自分の身に起きたことと重ね、厳しい口調で話した。

「私の夫の死を巡る公開調査委員会の結論にもかかわらず、たいした反応はなかったでしょう。犯罪者たちに何を犯しても平気だと知らせたようなものよ。だから同じことが繰り返されているの」

イギリス政府は、スクリパリ襲撃事件にはリトビネンコ事件の時よりは素早く対応した。事件から8日後の2018年3月12日、英首相テレーザ・メイは、「ノビチョク」が使われたとしてロシア政府の関与を主張した。ロシアが否定するなかで、スパイと目されるロシア外交官23人を国外追放し、「ロシアのスパイ網を潰す」と表明した。

この事件について、プーチンが初めて発言したのは同年3月18日、大統領選の当日だった。「大統領選とサッカーワールドカップ（W杯）の開催を控えたロシアがこんなことをすると主張するのはばかげている」

プーチンは余裕で4選を決め、アメリカ大統領ドナルド・トランプやドイツ首相アンゲラ・メルケル、日本首相の安倍晋三（あべしんぞう）ら、各国首脳から相次ぎ祝意を受けている。

今回の事件もやはりうやむやになるのか、と思った矢先、欧米諸国はギリギリの団結を見せる。3月26日、アメリカとEU加盟国など20カ国以上がイギリスに追随し、過去最大規模の約150人のロシア外交官を国外追放したのだ。第2次世界大戦後初めてヨーロッパで化学兵器が使われたことに対する、精一杯の抗議だった。

「夫の死の教訓が少しは生かされたのかもしれないわね」とマリーナは電話で語った。

「でもね、外交官追放というお決まりの措置だけでは何も変わらないと思うの。どんな罪を犯そうとも、どうせ欧米はたいしたことはできないとプーチン政権は思っているのでしょう。ノビチョクとかポロニウムとか、猛毒を使うのはそんなメッセージにほかならないでしょう」

ナワリヌイが再びノビチョクで襲撃されたとすれば、マリーナのこの時の発言は的を射ていたということになる。

「スパイは世界で最も重要な職業だ」

在ロシア・イギリス大使館は２０１８年３月22日、各国大使らを集めた会合である資料を配付している。そこには、06年のリトビネンコ事件から18年のスクリパリ事件まで、ロシアが関与したと見られる工作活動などが列挙されていた。

２００６年11月　アレクサンドル・リトビネンコ暗殺
２００７年５月　エストニアへのサイバー攻撃
２００８年８月　ジョージア（当時グルジア）侵攻
２０１４年２月　ウクライナ領クリミア半島の武力併合とウクライナの不安定化
２０１４年７月　マレーシア機ＭＨ17便撃墜事件

2015年5月　ドイツ議会へのハッカー攻撃
2015年6月〜16年11月　アメリカ大統領選への介入
2016年1月　ドイツに対する情報工作
2015年〜16年　デンマーク国防省へのハッカー攻撃
2016年10月　モンテネグロでのクーデター未遂事件
2017年6月　ウイルス（NotPetya）によるサイバー攻撃
2018年3月　スクリパリ父娘暗殺未遂事件

この表を見れば、14年を境にロシアの工作活動が活発になったことが分かる。同年2月、ウクライナで親ロシア派の政権が倒れたことを機に、プーチン政権はウクライナ領クリミア半島を武力で併合し、同国東部への軍事介入に突き進んだ。欧米は対ロシア経済制裁を発動し、対立が決定的となる。これ以降、ロシアは、軍事圧力とともにプロパガンダと情報工作、サイバー攻撃、あらゆる工作により攻勢に出るようになった。その戦術は「ハイブリッド戦」と呼ばれる。

プーチン政権が、欧米の結束を見くびっていることは確かだ。スクリパリ事件では、オーストリアやキプロスなど、ロシアとの関係を重視するヨーロッパの一部の国は、ロシア外交官を追放しなかった。日本政府も「まず事実関係の解明が先」という理由で同調していない。首相の安倍晋三が注力していた平和条約交渉に配慮したことは明らかだ。

ロシア国内では、欧米との対立をあおることで政権への求心力を高める、という一面もある。18年3月18日のロシア大統領選挙の投票日、モスクワから南へ約200キロ離れた街、トゥーラで私が取材した有権者からはこんな声が聞かれた。

「欧米はロシアに圧力をかけ続けている。ロシアはそんなことに決して屈しないよ。もちろんプーチン大統領を全面的に支持している」（32歳男性）

「プーチン大統領は私たちの尊厳を何よりも大切にしてくれているわ。彼の外交を全面的に信用している」（50歳女性）

投票所で話しかけた有権者はみな立ち止まり、多くがプーチン支持と欧米への敵意を口にした。スクリパリ事件は「欧米の陰謀」と一斉に喧伝（けんでん）した政権統制下のメディアによる影響もあるだろう。プーチンの選挙対策本部の広報官は、イギリスの「圧力」のおかげで投票率が10％上昇したと言ってのけた。それが政権の意図だったかは分からないが、事件は大統領選にプラスに働いた。

スクリパリが公園で娘とともに倒れてから半年後の2018年9月5日、イギリス当局は空港やソールズベリー市街の監視カメラの写真を公開し、容疑者2人を発表した。

2人はアレクサンドル・ペトロフとルスラン・ボシロフと名乗り、3月2日にモスクワからロンドンのガトウィック空港に到着していた。翌3日と4日にソールズベリーを訪れ、スクリパリの自宅の玄関のドアを神経剤ノビチョクで汚染させ、4日のうちにロンドンのヒースロー空港からモスクワに戻った――という発表内容だった。首相のメイは「2人はGRUの工作員だ」と断言した。

これに対して、プーチンは何食わぬ顔で2人についてこう語っている。

「我々はもちろん彼らが誰かを調べた。犯罪的なことはないと保証する。彼らはもちろん一般市民だ。私は2人が自ら語ることを望んでいる」

その翌日、すかさず、ロシア国営の対外発信テレビ局「RT」が容疑者2人へのインタビューを放送した(7)。政権のプロパガンダ機関と欧米が批判する局だ。

2人は事件前後にソールズベリーを訪問したことを認め、イギリス当局が公開した写真が自分たちであり、名前も本名だと語った。そして淡々とした調子でこんな質疑応答が続いた。

「なぜソールズベリーを訪問したのですか」

「友人たちが勧めてくれたからです。有名な大聖堂とか、世界で最古の1つといわれる機械仕掛けの時計とか……」

「スクリパリの家の近くに行きましたか」

「行ったのかもしれませんが、どこにあるのかは知りません。こんなことが起きるまで、スクリパリという名前は聞いたこともありません」

「イギリスに着いた時、ノビチョクとか、毒物を持っていましたか」

「いいえ、そんな話はばかげてますよ」

「あなた方はGRUに勤めていますか」

「いいえ」

「お仕事を明かさないと、視聴者の方々も疑いを持ちますよ」

「フィットネス産業ですよ。スポーツ選手のサプリメントを取り扱っています。ビタミンとかプロテインとか……これ以上話すとビジネスパートナーに迷惑が掛かるので」

「フィットネス産業ということですね……」

こんなやり取りが30分ほど続き、インタビューは終わった。質問も受け答えもあまりにお粗末な内容に私は唖然（あぜん）とした。一体これを誰が信じるのだろうか……。

このRTのインタビューからわずか2週間後、容疑者の正体は暴かれる。ボシロフと名乗った男は、プーチンから最高位の勲章「ロシアの英雄」を授与されたGRU大佐アナトリー・チェピガだった。公開情報を分析する手法で調査報道を手掛ける組織「ベリングキャット」が、ロシアのデータベースを駆使して突き止めたのだ。もう1人の容疑者ペトロフの身元も後に、GRU軍医アレクサンドル・ミシュキンであるとベリングキャットが探り当てた。

すると、プーチンは、開き直るようにうそぶいた。

「(メディアは) スクリパリ氏をまるで人権活動家か何かのように取り上げている。やつは(国を裏切った) くそ野郎だ……スパイの活動は売春のように、世界で最も重要な職業だ。誰にも止めることはできない」

2. 15万人の工作員

エリート部隊29155

現役のスパイに接触するのは容易(たやす)いことではない。情報機関当局に正面からアポ入れしてもまず応じないだろうし、例えば、大使館のパーティーで会っても、自ら身分を明かすことはないだろう。ニューヨーク・タイムズの記者ならいざしらず、しがない日本の記者に向こうからコンタクトしてきて、情報をリークすることもなさそうだ。

それでも私は幸運なことに、モスクワ赴任時の18年、ひょんなことからあるヨーロッパの情報機関高官Xとつながりを持った。Xが私の取材に応じ始めたのは「日本の記者がなぜロシアの工作活動に関心を持つのか」という好奇心のようなものからだったのではないか。

19年11月、この時私はすでに東京に帰任していたが、ロシアとは関係のない企画のために東京からヨーロッパへ出張した。その際に、Ｘに連絡を取り、ある国の首都に会いにいった。モスクワを離れて半年経っていたが、東京で目にしたある情報についてどうしても確認したかったからだ。

Ｘは自分のお気に入りだというカフェを待ち合わせ場所に指定してきた。少し遅れて現れた彼は「日本はどうだ？」と、こちらの近況を聞き、自分についても、「最近コーヒーに凝っていて、いろいろな豆や淹れ方を試している」などと雑談した。スパイといっても、強面でも、偉そうでも、ジェームズ・ボンド風でもない。

私がＸに聞きたかったのは、取材の１カ月ほど前にニューヨーク・タイムズが複数の情報当局者の話として報じたＧＲＵのある特殊部隊のことだった[8]。

「２９１５５」

私がその部隊の名称を口に出すと、Ｘはおもむろに口を開いた。

「君が熱心に（ロシアの工作活動の）問題を追っているのは知っている……私がそれ（２９１５５の存在）を君に保証しよう」

Ｘによれば、欧米情報当局は、ＧＲＵのエリート部隊「２９１５５」の存在を特定し、情報を共有している。ロシアでは「濡れ仕事」と呼ばれる血なまぐさい破壊工作を仕掛ける部隊であり、スクリパリ毒殺未遂事件のほか、バルカン半島の小国モンテネグロで16年に起きた親欧米政権に対するクーデター未遂などを企てた。

部隊には20人前後の工作員がおり、ヨーロッパだけではなく中東やアジアにも渡航していたという。これはニューヨーク・タイムズの記事には出ていない情報だった。

「こちらがつかみ、明るみに出た工作は氷山の一角にすぎない。多くの、おそらく成功した工作は闇の中だ」

そうXは語った。

記者として、国家や情報機関の「機密情報」に頼るのは危ういことは肝に銘じている。情報機関に限らず、政府関係者を取材する時は、聞き出した情報をすぐには記事にせず、何度かやり過ごして、情報の確度を見極めてから記事にしてきた。それでもこの時、Xが初めて機密を明かしたことに私は興奮を抑えられなかった。

GRU傘下には2つのサイバー部隊「26165」と「74455」が存在することがすでに明らかにされている。16年のアメリカ大統領選を巡るロシアの介入を捜査したロバート・モラー特別検察官が18年、部隊名を名指しし、12人の工作員を起訴した(9)。

アメリカ、イギリス、オランダの当局は18年10月、一斉に26165によるサイバー工作を公表している。オランダは同年4月に、ハーグに本部を置くOPCWのWi-Fiネットワークをハッキングしようとした4人の工作員を拘束し、国外追放していた。押収物に携帯やパソコンのほか、モスクワのGRU官舎から空港までのタクシーの領収書があったことまで暴露した。

この発表の直後に、私がモスクワで取材したあるロシア外交関係者が声を上げた。

「あれは、プロトコル（手順）違反だ」

米ソ冷戦時代から続くスパイ戦には暗黙の了解があり、スパイ行為は水面下で処理される慣行があるという。イギリスがスクリパリ事件の実行犯であるGRU工作員を公表したことに対しても、「欧米はロシア以外の国が企てた政治的な暗殺事件には目をつぶってきたのに、ロシアを狙い撃ちしている」との思いがロシア側にはあるようだった。

それにしても秘密主義の情報当局が、機密を公にし始めたのはなぜなのだろう。Xにしても、それまでは具体的な機密を口にしたことはなかった。

「29155についてあなたが教えてくれるとは正直思っていなかった。欧米の情報当局はロシアの工作を告発する方針に転換したのか」

そう問うと、Xはコーヒーを一口飲んでから、少し強い口調で語った。

「自由・民主社会を標的にしたロシアの破壊工作は、各国の情報当局が、政治家を突き動かさなくてはならないレベルに来ているからだ。複数の国の選挙への介入などが発覚した後も、欧米政府の対抗策は弱く、ロシアを勢いづかせてしまっている。これは我々（欧米情報機関）の共通の認識なんだ」

例えば、トランプは17年の就任以来、一貫してプーチンに融和姿勢を示し、ロシアが大統領選に介入した事実すら否定するような発言を繰り返している。フランス大統領マクロンも、19年からプーチンに急に接近するようになった。ヨーロッパ各国では反ＥＵ・反移民を前面に出すポピュリズム（大衆迎合主義）政党が台頭し、プーチンは英紙フィナンシャルタイムズとの19年6月のインタビューで「自由主義は時代遅れだ」と言ってのけた[10]――。

「そういう状況を懸念しているということか」と、例を挙げて私が突っ込むと、Ｘは「君の認識は正しい」と短く答えた。個別首脳らの動向についての議論に乗ってくることはなく、これまでの慎重なＸの口ぶりに戻っていた。

1時間ほど話し、Ｘがカフェを後にすると、私は彼が明かした２９１５５に関する情報と印象に残った発言を急いでメモした。

暴かれる工作活動

東京に戻ってＸが語ったことを振り返り、現在進行形で起きている事件と重ね、点と点がつながったことに改めて興奮を覚えた。

ヨーロッパではXが指摘したような事例が相次いでいたのだ。

例えば、ドイツでは19年12月、メルケル政権がロシア人外交官2人を国外追放した。これは同年8月にベルリンで白昼、ジョージア国籍のチェチェン人男性が射殺された事件への制裁措置だった。ドイツ警察当局がすぐに拘束したロシア人の実行犯は、スクリパリ事件の容疑者と同様に、偽の身分で発行されたパスポートで入国していた。ドイツ検察が12月になって、「ロシア政府が関与した十分な証拠がある」と発表し、ロシアとの関係に配慮して沈黙を守っていたメルケル政権も動かざるを得なくなったのだ。

スペイン当局は19年11月、同国北東部カタルーニャ自治州で17年に実施された独立の是非を問う住民投票に、GRUが介入した疑いがあるとして捜査を始めた。スクリパリ事件の前後にロンドンに滞在していた29155のメンバーと見られる男が、投票日前後にバルセロナにいたことが判明し、国民投票から2年経ってから真相究明に動き出した。

バルカン半島のセルビアでも、ロシアによるスパイ事件が表沙汰（おもてざた）になった。ロシアの工作員がセルビア軍関係者に接触してカネを手渡している画像が、19年11月にソーシャルメディアにリークされたためで、親ロシア派の大統領アレクサンダル・ブチッチも、ロシアのスパイ行為を公表せざるを得なくなった。

こうした事件はXが言った通り、各地でロシアの工作活動に拍車が掛かっており、欧米情報当局が「政治家を突き動かす」ために、機密を積極的に発信していることを示している。

最近も、GRUの工作員がアフガニスタンの反政府武装勢力タリバンの組織に対して報奨金を提示し、米軍が主導するアフガン駐留国際部隊の兵士の殺害を依頼していたことが明るみに出た。アメリカ情報当局者の話として、20年6月にニューヨーク・タイムズが報じたのだ(11)。ただし、トランプは、冷戦時代を彷彿(ほうふつ)とさせるこの工作を「聞いていない」と無視し、対抗策を講じていない。

私がXに取材してから2週間後の19年12月、仏紙ルモンドも29155部隊について報じた(12)。米英仏スイスの情報当局が部隊の15人のメンバーを特定したとある。スクリパリ事件の実行犯2人を含むメンバーは、14～18年にかけてイタリアとスイスとの国境に近いフランス南東部のアルプスに頻繁に滞在しており、そこがヨーロッパでの工作活動の拠点になっていた可能性があることを情報当局者が明かしたという。

この記事も私はXの発言と重ねてみた。報道はウクライナ東部の停戦を巡ってフランス、ドイツ、ロシア、ウクライナ4カ国の首脳会談がパリで開かれる直前のタイミングだった。情報機関がルモンドに29155について リークしたのは、プーチンに急接近するフランス大統領マクロンへのけん制だったのではないか。

プーチン体制下で肥大化

工作活動を繰り返すロシアの情報機関はどれほどの規模なのだろうか。

ソ連時代の秘密警察と対外工作で恐れられたKGBは、2つのロシアの機関に引き継がれている。ロシア国内と主にウクライナなど旧ソ連諸国で活動するFSBと、対外諜報に特化したSVR（対外情報局）だ。これとは独立して、軍はソ連時代から傘下に情報機関（GRU）を持ち、軍事機密の収集や戦場での特殊作戦を展開してきた。公式な統計はないが、ロシアメディアによると、この3機関で合わせて10万～15万の人員を抱えると見られている。アメリカのCIA（中央情報局）とFBI（連邦捜査局）の人員は合わせて6万人弱、イギリスの国内外で活動する秘密情報機関（MI5とMI6）は7000人足らずなので、その規模は突出している。日本には内閣情報調査室という組織があるが数百人に過ぎない。

スクリパリ毒殺未遂事件や16年のアメリカ大統領選へのサイバー攻撃で際だったGRUの活動は、特に14年のウクライナ侵攻後に顕著になった。ロシアはウクライナへの軍事作戦を国際社会から隠して遂行しており、GRUの特殊部隊がクリミア半島の併合やウクライナ東部への介入で主要な役割を果たし、プーチン政権内で存在感を高めた、というのが欧米の専門家の見方だ。

ロシア軍の制服組トップである参謀総長に12年に就任したワレリー・ゲラシモフは、13年に、情報戦やサイバー攻撃、経済圧力など「非軍事的手段」を組み合わせたハイブリッド戦の重要性について、主張している。[13] GRUはそれまでに、特殊工作部隊やサイバー部隊をてこ入れした可能性がある。

私が取材したヨーロッパの情報機関高官Xによれば、GRUとFSBは欧米の不安定化を狙うクレムリン（ロシア大統領府）の指針に沿って、独自に工作を企て、競合している面があるという。GRUの工作ばかりが目立つようだが、イギリス当局は、06年のリトビネンコ事件はFSBが主導したと断定、20年にベルリンで起きたジョージア国籍のチェチェン人殺害事件もFSBが関与したと目されている。

KGB出身のプーチンの20年にわたる統治下でロシアの情報機関が肥大化したことは確かだ。2000年に大統領に就任したプーチンは、KGB時代の仲間や治安機関出身者を政権中枢に取り立て、権力を固めていった経緯がある。

例えば、大統領府副長官などを歴任して国営石油会社ロスネフチ社長となったイーゴリ・セチン、FSB長官を経て安全保障会議のトップを務めるニコライ・パトルシェフ、SVR長官のセルゲイ・ナルイシキンらは、みなKGB出身者と目される。彼らは政権内強硬派「シロビキ」と呼ばれ、影響力を強めた。

シロビキとFSB台頭の転機となったのは「ユーコス事件」だろう。プーチンと対立した石油大手ユーコスの社長ミハイル・ホドルコフスキーが03年、脱税容疑などを掛けられて逮捕されてしまう。ユーコス社も04年末に解体され、国営石油会社ロスネフチが手中に収めた。この事件で暗躍したとされる現ロスネフチ社長のセチンは、プーチンに次ぐ政権の実力者と目されるようになる。

私は17年、ホドルコフスキーにインタビューしたことがある。10年の投獄の末に恩赦を受けてロンドンに亡命し、反体制運動を続けている。かつて「石油王」と呼ばれたホドルコフスキーは想像していたよりも気さくな人物であり、ユーコス事件をこう振り返った。

かつて「石油王」と呼ばれたミハイル・ホドルコフスキー。インタビューの際に部屋に入って来たとき、その場が一瞬パッと明るくなったような不思議な雰囲気を感じた

「プーチンの狙いは04年まで分からなかった。自分が確実に投獄されると分かっていたし、ユーコス社の株式を取り上げることは想像できた。しかし、会社を解体するとは思いもしなかった。株式の移譲では、監査など

により略奪行為が公にされてしまうから、資産そのものを奪うことにしたのだろう。資産を略奪し、自分の側近らを富ませる目的だったと確信している。プーチンは汚職を政治の道具にする方向に走ったのだ」

お友だちが次々に要職に就任

ホドルコフスキーが指摘するように、ユーコス事件以降、プーチン政権は「基幹産業の国家管理」の名の下に、国策企業を次々に創設し、シロビキやプーチンの出身地であるサンクトペテルブルクの友人らが、要職に就いていった。背景では民間企業に汚職や脱税の嫌疑による圧力が掛けられ、FSBなど治安機関が暗躍したとされ、強引な企業買収が横行した。

例えば、世界最大手のチタンメーカー、アビスマは税務当局の査察などで圧力を受け、07年に国営企業に買収された。この企業の経営者は、KGBスパイとしてソ連時代にプーチンとともに活動したセルゲイ・チェメゾフという人物だ。

次々と起こる事件に惑わされていた私に、あるロシア政府関係者は、国策企業や一連の買収劇を「資産の再分配」という言葉で明瞭（めいりょう）に説明してくれたことがある。ソ連崩壊後のボリス・エリツィン大統領時代に富を蓄えた「オリガルヒ」と呼ばれる新興財閥の経営者から資産を奪い、新しいプーチン周辺の政財界のエリートが経済を支配していく構図を意味する。

資産の没収を免れたオリガルヒは政権に服従し、政治と経済の両面でプーチン支配が固まっていく。

この時期の取材でもう1つ印象に残っているのは、別の政府関係者が口にした「ユーコスの教訓」だ。曰く、プーチン政権は03年のホドルコフスキー逮捕からユーコス解体まで1年以上掛けており、欧米や市場の反応を見ながら恐る恐る進めたという。当初こそ批判が相次いだが、ユーコスを収奪したロシア国営会社ロスネフチは、06年にロンドン市場への上場を果たし、欧米からの投資も膨らんでいた。「誰もロシアを無視できないことが分かった」とこの関係者は自信たっぷりに語った。

シロビキの経済支配と並行して不穏な事件も多発した。リトビネンコが暗殺された06年には、政権批判の急先鋒だった記者、アンナ・ポリトコフスカヤや、金融機関改革を担った中央銀行副総裁アンドレイ・コズロフらが相次ぎ殺害された。

私の身近でも背筋の凍るようなことが起きた。06年の秋、私はロシア第1副首相としてソ連崩壊直後の経済改革を担ったエゴール・ガイダルにインタビューした。彼は政権の強権ぶりにこんな警告を発した。

「ロシアがファシズムに向かう可能性を過小評価してはならない」

その直後、ガイダルは訪問先のアイルランドで毒を盛られ、一時重体に陥った。

ロシアが原油高による経済ブームに沸いたこともあり、プーチン政権は対外的にも強硬手段に訴えるようになる。親欧米を掲げてロシア離れを図るウクライナに対しては、06年と09年に天然ガスの供給を停止した。その影響はウクライナを通じてガスを調達するヨーロッパ各国にも広がった。08年にはＮＡＴＯ加盟の動きを加速させたジョージアへの侵攻に突き進む。

そして欧米と対立が決定的になった14年のウクライナ侵攻以降、欧米に対する工作活動に拍車が掛かっていく。

政権にいわせれば、これはすべて「自衛」ということになる。プーチンはウクライナ侵攻の引き金となった同国での親ロシア政権の崩壊を「アメリカの陰謀」と断じた。14年3月、クリミア併合を宣言した演説では、ＮＡＴＯの東欧への拡大やイラク戦争など、ロシアの反対を無視した欧米の動きを列挙し、「ウクライナで西側は一線を越えた」と主張した。

私は、オバマ米政権時代の11～14年に駐ロシア・アメリカ大使を務めたマイケル・マクフォールに見解を聞いたことがある。ウクライナのキエフで開かれた17年のある会議での記者団の囲み取材だったので、マクフォールは早口でざっと答えた。

「アメリカがロシアの『政権転覆』を狙っているとプーチンが思い込んでいるのは事実だ。私はプーチンに会う機会が何度かあり、その都度、アメリカはどの国の政変にも関与していないと訴えたのだが、固定観念が変わることはなかった」

プーチンのこの強迫観念は、いったん首相に退いてから大統領に返り咲いた後に強まったと見られる。12年の大統領選前に行われたロシア議会選での不正をきっかけに、反プーチン運動がモスクワやサンクトペテルブルクで膨らんだ。当時、米国務長官だったヒラリー・クリントンはこの時、「選挙は不正直で不公正だった」と批判した。これに対し、プーチンはクリントンが反体制運動を扇動したと主張している。この時の恨みが、16年のアメリカ大統領選への介入につながったとの見方がある。アメリカ当局は、ロシアがサイバー攻撃や偽情報を拡散し、クリントンをおとしめ、トランプを支援したと断定している。

汚職がはびこり、財産権も保障されないロシア経済は停滞し、14年のウクライナ侵攻を巡る欧米の制裁を受ける前から、成長率は1％台に落ち込んでいた。クリミア半島の併合により一時8割に押し上げられたプーチンの支持率は低下し、ナワリヌイらが率いる反政権運動が17年ごろから頻発するようになった。

独裁体制を敷くプーチンにとって、欧米が主導する自由・民主主義の理念は脅威にほかならない。欧米社会の混乱を狙う工作活動の裏では体制維持に躍起になる姿も透ける。

3．北極圏での少し怖い体験

人権活動家からの忠告

私はロシアの現役スパイと直接接触できたことはないが、真冬の北極圏で工作の現場に出くわしたことがある。

ロシアのムルマンスク州を経由して北欧に入る「北極圏ルート」がヨーロッパを目指す難民の間で浮上している——。

こんな報道が15年秋から流れていた[14]。ヨーロッパはその年から、内戦が続くシリアやアフリカから押し寄せる難民の問題に揺れていた。地中海やトルコを経由してヨーロッパに向かう難民の話は大きく取り上げられていたが、北の果てまで難民が向かっているとは。私は現地取材の準備に取りかかった。

今回の取材には助っ人が必要だ。まったく土地勘のないところで、私のロシア語能力では手掛かりをつかむのはおぼつかない。そこでモスクワ支局の助手を務めたことのあるエレナに声を掛けることにした。一度、紛争地域での取材を手伝ってもらった時に、彼女のコミュニケーション能力と素晴らしい機転に救われた。美しい顔だちからは想像できない大胆な度胸もある。今回の取材にはうってつけの助っ人だと思った。彼女からは二つ返事でOKが来た。

「面白そうね、やるわ」

16年1月、モスクワから空路で3時間、2000キロ近く離れた人口30万の北極圏最大の都市、ムルマンスクに入った。

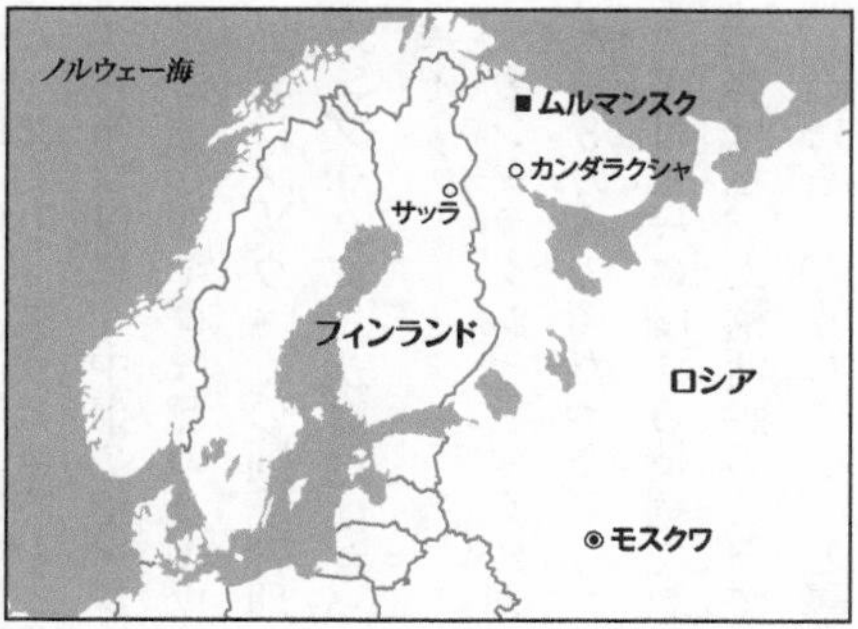

北極圏に位置しながらムルマンスクの気温はマイナス10度程度と、モスクワとそれほど変わらなかった。市内を見て回る余裕はなかったが、真っ黒い空に映えた街の薄明かりと静かに降り続ける雪が、最北の街にいることを感じさせた。

とにかく手掛かりを得ようと、私たちはまず、人権活動家Iに会いに行った。モスクワの人権団体から紹介してもらい、エレナが事前に取材をアレンジしていた。Iは見たところ50歳前後、人の好さそうな女性だった。

彼女によれば、ムルマンスクから北欧諸国への入国は、むかしから迫害を逃れるチェチェン人などの亡命ルートとなっており、彼女はそうした人々を支援してきたという。

「15年秋以降、中東や南アジアから難民が来るようになりました。最初はムルマンスクから西に200キロほどのノルウェーに向かい、数カ月で5000人入国したといわれています。いまはノルウェーの国境管理が厳しくなったので、難民はフィンランドを目指しています。カンダラクシャが拠点になっているようです。ここ（ムルマンスク）ではもう難民は見かけません」

カンダラクシャをすぐに調べると、同じ州内にあり、ムルマンスクから南へ250キロ、人口3万人の街だった。

Iは難民に関する情報を教えてくれたあと、小声でこう明かした。

「実は私、人権活動のことで脅されているのです。多分、いまも監視されていると思う」

「誰に？　どうして？」と尋ねたが、Iは詳細を語りたがらず、近くブルガリアに家族と移住するつもりだとだけ話した。別れ際に「政府とコネを持つカンダラクシャの人権団体のメンバー」の電話番号を教えてくれ、そっと私たちに告げた。

「ある民族を中心とする犯罪グループが難民の移動に絡んでいます。どうか気を付けてください」

Iはそのグループに脅されているのだろうか。とにかくカンダラクシャに行ってみるしかない。「まず現地まで行く足の確保、州政府への取材アポ、それに……」と私が話すと、エレナは一言、「任せて」と返した。本当に頼もしい。

翌朝7時、エレナが手配した車がホテルの前で待っていた。顎(あご)ひげをたくわえ、毛皮の帽子をかぶったチェチェン人風の運転手が姿を現すと、私とエレナは思わず顔を見合わせた。「ある民族の犯罪グループ」というIの言葉が頭をよぎったからだ。ロシア南部カフカス地方に位置するチェチェンには強力な犯罪組織のネットワークがあることで知られる。

「すでに見張られているのかもしれない」

とも思ったが、ここまできて心配してもしょうがない。

ムルマンスクからカンダラクシャまでの道のりには広大な白銀の世界が広がっていた。雪は止んでおり、天候は良かった。エレナは探りを入れるように運転手と話し込んでいた。中東や南アジアからの民は、この最果ての地をどう旅しているのか、防寒の準備はできているのだろうか。ただただ真っ白な風景を眺めながら、私はそんなことを考えた。

口を閉ざす難民たち

現地に到着したのは11時過ぎ。昨日の今日なのに、エレナが見事にアポを取り付けたムルマンスク州政府カンダラクシャ管区のトップ、アンドレイ・イワノフに会いに行った。地方都市らしく、ソ連時代のままの庁舎の広い執務室に通された。

「時間はそれほどありませんよ。ご用件は」

イワノフは無愛想に口を開いた。

「ここには難民が集まってきていますね。なぜ、カンダラクシャなのですか」

実はまだ見てもいない難民のことを切り出すと、イワノフは無表情のまま淡々と説明した。

「年明けにフィンランドとの国境付近の村に難民が押し寄せ、混乱が生じたのです。そこでムルマンスク州政府と国境管理当局が難民と話し合い、カンダラクシャに難民を集めることが決まりました。我々は安全を確保するために、1日の越境者を20～30人に抑えるよう管理しています」

イワノフによれば、難民はカンダラクシャから西へ約200キロの地点にあるフィンランドのサッラ国境検問所に向かう。フィンランドの国境管理当局が毎日受け入れる人数をロシアの国境管理当局に伝えてくる。ロシア側から誰を国境に向かわせるかの毎日の人選は難民が滞在するホテルに任せている。誰が先に来たか、ホテルが順番を把握しているからだという。

「ヨーロッパへの入国ビザを持たない人々の移動を許可するのはなぜですか」

私がそう聞くと、イワノフはこう反論した。

「誰もロシアにとどまることを希望していないのです。ロシアで難民ビザを取得している人も申請している人もいません。みなヨーロッパに行きたがっているのですから、我々は止めることはできませんよ」

取材は20分足らずで、イワノフに早々に追い出された。

とにかく難民に話を聞かないことには始まらない。街頭を行く住民に聞いて回り、「難民がたくさんいる」という州政府庁舎から徒歩圏内のホテル「グリンビッチ」を訪問した。3階建てのロッジ風で、1階にはレストランが併設されており、ホテル受付はレストランのレジと兼用だった。見たところ、ホテルとレストラン合わせて従業員は女性2人しかいない。

「こちらに多くの難民が泊まっていると聞いたのですが」と声を掛けると、ホテルのマネジャーを名乗るアンナが「全16室に約60人滞在しているわ」と素っ気なく答えた。

「(15年) 12月から毎日、数人来るようになった。最近は毎日だいたい10人チェックアウトして、新たに10人がチェックインしているわ。(ロシアの) 国境管理局から毎日、『きょうは何人出す』と連絡が来るの。ホテル滞在者リストに沿って、順番にその人数を選んで、国境に向かう人をホテルが決めてるの」

アンナがざっと話した内容は、口裏を合わせたかのように州政府のイワノフの説明とほぼ一致した。少し疑念を抱きながら、「取材をしたいので難民に声を掛けてもらえないか」と頼むと、アンナは「少し時間をちょうだい」と言って奥の方に姿を消した。

私たちは朝から車内で果物を口にしたほかは何も食べていなかったので、ホテルのレストランで食事を取った。その時、エレナが異様な雰囲気に気づいた。

「エイジ、周りを見て」

難民で満室のはずのホテルの前に数台の黒塗りの車が集まってきており、柄の悪い男たちがたむろしている。

そこにアンナが戻ってきた。

「みな話すのを嫌がっているから無理よ。悪いけど。もう帰って」

先ほどと比べて、何だか怯(おび)えている様子が見て取れた。

仕方ないので、難民が外に出てくるのを待って、話しかけてみることにした。

エレナをレストランに残して、ホテルの周りを調べると、裏口があり、そこが宿泊客の出入り口になっているようだ。

寒いのは見越していたから、防寒は十分だ。幸い雪も降っていない。20分ほど外で待つと、スキーウエアを着た南アジア風の男性が出てきた。英語で声を掛けると、それほど警戒されることなく話してくれた。ネパール人で26歳だという。

「観光ビザでモスクワに入って、ここまで来た。トルコや地中海を経由するよりもロシア経由が一番安かったから……これまでに3000ドル払った……」

気付くと、数人のロシア人が近づいてきて、こちらを凝視しているのが分かった。ネパール人は慌てて会話を断ち切った。

「ここに2週間足止めされているんだ。もう勘弁して」

もう1人話を聞こうとしたインドから来た60歳の男性も同じだった。出身地と年齢を明かし、「母国の生活は厳しいんだ。ヨーロッパに行けば住居も食料も与えられると聞いた……」と語り出したが、ロシア人に見張られているのに気づいて、やはり立ち去った。

いったんレストランに戻るとエレナが私の耳元で囁いた。

「後ろにいる2人組がさっき『あいつはパスポートに問題がある。どうする』とひそひそ話していたわ。やっぱり、難民を手引きしている犯罪グループではないかしら」

ホテルの協力が得られないうえ、見張られていては難民たちと話すのは困難だ。ロシア人の男たちともめると面倒なことになりかねない。そう考えた私たちはホテルグリンビッチをあきらめ、もう1軒、街外れにある宿、「ポモル・ツール」に向かうことにした。ここも街頭の聞き込みで、住民が「難民がいる」と教えてくれたホテルだ。

FSBに監視されている

早くも日が落ち、外は雪が降り始めていた。街灯もなく、舗装されていない道を20分ほど走ると、4階建てのロッジの薄明かりが見えてきた。

ホテルの玄関の手前で、いきなり3人の男に取り囲まれた。みな30歳前後だろうか、前のホテルグリンビッチにたむろしていたロシア人たちよりも小柄で、顔は浅黒かった。

「おまえらがここに来ることは分かってた。上の方から連絡が来たんだよ。難民と話をさせるわけにはいかない」

いきなりそうすごまれた。エレナが日本の新聞の取材であり、記事は日本語でしか出ないなどと説得しようとしたが、「帰れ」の一点張りだ。

「少し話が聞きたいだけだ。少しだけだ。頼むよ」

そう私が口を挟むと、エレナに向かって1人が言い寄って、下品な笑いを見せた。

「おまえが一晩付き合うというなら、考えてやってもいい」

いつもはポーカーフェイスのエレナの表情が凍り付いているのが分かった。取材がしたい一心で私は怖さは感じていなかったが、「これはヤバい」と我に返った。

「エレナ、帰ろう」

私が彼女の手を引き、車に向かって歩き出すと、グループの1人が追いかけてきた。

「何が知りたいんだよ」

「君たちは誰なんだ。なぜ、邪魔をする」

この男によれば、難民の移動のすべてを整える組織があるという。難民たちはモスクワからムルマンスクに鉄道でやってくる。毎日到着する20～30人の難民を車で迎えてカンダラクシャまで移送してホテルに宿泊させ、国境を越えるための中古車まで手配している。1月からはホテルがいっぱいになったため、アパートも借りているという。最近、組織の「サービス」を無視して単独で国境に向かったシリア人家族が手前で止められ、袋だたきにあったとも付け加えた。

「覚えておけ。ここは無法な国だ。何でもありだ」

男はそう警告した。脅しというよりは、親切で言ってくれたのだろう。仲間を離れてわざわざ私たちに組織のことも教えてくれたのだ。その間にも何台か車がホテルの前に着き、別の男たちがこちらに近づいてきた。「ここは大丈夫だ」と男はそれを制し、「早く行った方がいい」と私たちを促した。

私が最後に「出身は（ロシア南部でチェチェンが位置する）カフカス地方か」と聞くと、男は笑い声を上げた。

「何を言っているんだ。おれたちはアフガニスタン人だ。おれはモスクワから来た」

1970年代から89年まで続いたソ連のアフガニスタン侵攻時に、ロシアには多くの難民が流入し、現在も15万人規模のアフガニスタン人が、難民承認されぬままロシアに住むといわれる。[15] ムルマンスクで取材した人権活動家、Iが指摘した「ある民族の犯罪グループ」とは、私たちが勝手に想像していたチェチェン人ではなく、アフガニスタン系だったということだ。

雪が静かに降り続けていた。ロッジを見上げると、3階の部屋の窓から小さな男の子がこちらをのぞき込んでいるのが見えた。北の果てまで旅をしてきた難民たちが目の前にいるのに話を聞くことができない。私は無力感に襲われた。

カンダラクシャ市内のホテルは難民で満室だったため、エレナが前の晩に予約した宿は車で30~40分ほどの郊外に位置していた。街灯も何もない真っ暗な道中、エレナはつけられていないか、しきりに後方を気にしていた。

宿舎に着くとエレナと議論になった。

「難民たちは目の前にいるんだ。明日、もう一度、私1人でホテルに行ってみる」

カンダラクシャで取材を続けると主張する私に、いつもは冷静なエレナが声を上げて訴えた。

「あなたは分かっていないわ。ここはロシアよ。本当に殺されるわ。いまはあなたが私たちの命綱になっているの。やつらは外国人記者には手を出さないと思いたい……」

　とりあえずムルマンスクの人権活動家Ｉが紹介してくれた「政府にも顔の利く人権団体のメンバー」であるＡに連絡を取って、難民とのインタビューをアレンジしてもらえないか頼んでみようとエレナに提案した。夜９時近くだったが、エレナが電話で経緯を説明すると、Ａは「やってみる」と応じてくれた。折り返しの電話が来たのはほぼ１時間後。電話で話すエレナの表情が曇っているのが分かった。エレナは電話を切ると、Ａの言葉をそのまま私に伝えた。

「難民とのインタビューは無理だ。これ以上は首を突っ込まない方が良い。悪いことは言わない。ＦＳＢも君たちの動きを監視しているようだ」

「ＦＳＢ」という言葉を聞いて私は言葉を失った。考えてみれば、国境の管理はＦＳＢの管轄だ。ＦＳＢの承認なくして難民が出国できるわけはない。それまで気にもとめていなかったが、ムルマンスク州政府のイワノフの取材の後、モスクワの支局から「政府からあなたの身分照会の電話が来た」とのメールが入っていた。イワノフへの取材前後に照会が行われ、ＦＳＢと犯罪グループに情報が回ったということだ。

「みんなグルだ」と私が口に出すと、エレナは何も言わずにうなずいた。私は「フィンランド側で難民を取材する作戦に切り替えよう」と彼女に告げた。

犯罪組織の向こうに透けて見えたもの

翌朝7時、フィンランド国境を目指して出発した車内ではほとんど会話がなかった。昨晩、ホテルを見張っていたアフガニスタン人から聞いた、「国境手前でシリア難民が袋だたきにされた」という話を思い出した。エレナも似たようなことを考えていたに違いない。3時間後、無事にロシア側の国境を通過すると、私は「やったー」と叫び、エレナも声を上げた。ロシアからヨーロッパを目指す難民も同じような気持ちかもしれない。

フィンランド北部ラップランドの国境検問所サッラで入国手続きを終えると、待合室にはすでにその日に到着した難民が何人かいるのが目に入った。国境管理官に取材許可を求めると、「難民申請の確認手続きが終わってからなら」と快諾してくれた。

私は昼過ぎに、おんぼろの中古車で国境にたどり着いたアラブ人風の家族に声を掛けた。50代で、夫人と10代の息子と娘2人を連れたカラムと名乗る父親がたどたどしい英語で話してくれた。内戦が続くシリアから脱出してきたパレスチナ人だという。居住していたシリアの首都ダマスカス近郊は反体制派の拠点と見なされ、アサド政権軍の包囲を受けた、と疲れ切った様子で話した。

シリアを脱出してからここまで5カ月かかったという。隣国レバノンに逃れ、トルコから

カンダラクシャからフィンランド国境への道。車内の空気は張りつめていた

ヨーロッパに入ろうとしたが、トルコのビザが出なかった。そこで、ロシアの観光ビザを取って、モスクワに渡航し、鉄道でムルマンスクに移動、カンダラクシャに10日ほど滞在してから国境に向かった。

ムルマンスクからカンダラクシャに向かうルートをどう知ったのか尋ねると、カラムは道中の手配はモスクワに住む「友人」に助けてもらったと話した。

「ロシアのマフィアに1万ドルもむしり取られたんだ。国境に向かうための中古車もやつらから買わされた。もう900ドルしか残っていないよ」

メールで連絡を取ったフィンランド国境警備隊によると、ビザなしでロシアから入国した難民の申請者は年初からの1カ月で

500人を超え、毎日数十人の流入が続いていた。国籍は30カ国に広がり、シリアよりも、アフガニスタンやインドなど南アジアからの難民が目立つという。

フィンランドへの難民申請者の待機拠点となるトルニオという街に移動し、難民を事情聴取している警察官に匿名を条件に話を聞くことができた。

「難民の出身国とロシア側の双方に犯罪組織のネットワークがあり、難民を送り出していることは間違いないだろう。多くの難民が数千ドルから1万ドル支払ったと証言している。それに、我々はロシアの政府機関が関与しているとの疑いを強めている。難民の携帯電話を調べて、一部がロシア政府関係者とやり取りしていたことも分かっているんだ」

FSB、州政府、そして犯罪組織を結びつける明確な証拠はないが、狙いはカネだけでは

シリアから5カ月かけて、ヨーロッパ(サッラ)に到着したパレスチナ人家族。「マフィアに1万ドルむしり取られた」

ないだろう。犯罪組織を使って難民を流入させ、フィンランドに外交圧力を掛ける工作だったのではないか。そんな考えが膨らんだ。

私たちが北極圏で取材しているさなかの16年1月末、フィンランド首相ユハ・シピラは、ロシアがウクライナ領クリミア半島を併合し、欧米が対ロ制裁を発動して以来、初めてロシアを訪問している。難民流入への対応を迫られ、ロシアに協力を求めざるをえなくなったのだ。

ロシア首相ドミトリー・メドベージェフは、シピラとの会談後の共同記者会見で欧米の対ロ制裁を批判し、フィンランドとは2国間協力の枠組みを再開することで合意した、と発表した。そして、こんなことを言ってのけた。

「ロシアからの難民の流入が我々の外交政策であり、組織的なものであるという噂はばかげている」

最初は難民の逃避行劇を記事にするつもりだったが、犯罪組織の暗躍、さらに思いがけずロシアの政府が関与している可能性まで書くことができる。私は十分な材料を集めたことに満足した。男たちに取り囲まれたカンダラクシャでの夜、「あなたには2度と付き合わないわ」と言っていたエレナも、モスクワへの帰路、考えを変えていた。

「とても興味深い旅だったわ……また何か、一緒にやりましょうよ」

4. 市民インテリジェンスの反撃

情報当局の先を行く調査組織

ＦＳＢやＧＲＵが入り乱れる秘密工作はどこまで広がっているのか。

もしかしたら欧米の情報当局以上に、ロシアの活動をつかんでいる組織がある。スクリパリ事件の実行犯であるＧＲＵの2人の工作員の正体を突き止めた「ベリングキャット」だ（27ページ）。ネット上のデータや画像情報の分析を駆使し、親ロシア勢力が実効支配するウクライナ東部の上空で14年に撃墜されたマレーシア機（ＭＨ17）の事件を巡っても、ロシアから運び込まれた地対空ミサイルによる撃墜だったことを探り当てている。

私は、どんな手法で調査し、どこまでロシアの動きをつかんでいるのか知りたかった。19年11月のヨーロッパ出張に合わせて、ベリングキャットのロシア調査チームを率いるクリスト・グロゼフにメールで取材を申し込むと、すぐに返事が来た。彼はウィーンを拠点に活動しているが、幸運なことに私の出張予定と同じタイミングでロンドンに滞在しているという。

ネットオタク風の人物を予想していたが、待ち合わせ場所であるロンドンのあるホテルのロビーに現れたグロゼフは長身で、びしっとスーツで決めたビジネスマン風だった。「待たせて申し訳ない」と、軽快な感じで声を掛けられた。ホテル内のパブに移動し、私たちは2時間にわたって話し込んだ。

グロゼフは40代後半、ブルガリア出身で、ベリングキャットには15年に参加したという。スクリパリ事件の容疑者を巡るスクープについて、私が「ニュースを見た時は正直、胸がスカッとしました」と感想をもらすと、こんな答えが返ってきた。

「容疑者2人のRTのインタビューは見たかい？　あれを見ていて、こんな下手なウソをつけるわけがないと思ったんだよ。隠蔽（いんぺい）工作だとしたらありえないと思って、私は2人が真実を話してることを証明するつもりで、調査に取り組んだんだよ」

グロゼフはイギリス当局が公開した容疑者2人の写真と渡航時の名前をもとに、ロシアのパスポート情報や納税のデータベース、ロシアの士官学校の名簿などを当たった。「ロシアの英雄」の勲章を与えられた人物に的を絞って写真を照合すると、GRU大佐のアナトリー・チェピガがヒットした。[16]　もう1人は、もう少し手間が掛かったが、データを広げて検索すると、GRU軍医アレクサンドル・ミシュキンであることが分かった。[17]

グロゼフのチームは、イギリス当局が公表していなかった「第3の容疑者」が事件前後にロンドンにいたことも突き止めている。[18]　セルゲイ・フェドトフと名乗るこの人物は、GRU少将デニース・セルゲーエフであり、15年にブルガリアで起きた武器商人の2度にわたる毒殺未遂事件の際に現地におり、17年のスペインのカタルーニャ州の独立の是非を問う住民投票の時もやはり現地に渡航していた。スペイン当局はベリングキャットの報道もあって、19年になってからロシアの介入の捜査を開始した。

次々と事実を突き止めるのは言うほど簡単ではないだろう。データの検索といっても、そもそも個人情報をどう入手しているのか。

「ロシアのデータの入手は実は難しくないんだよ」

グロゼフは面白そうに話す。

「地域ごとの個人の住所や、旅券情報、自動車登録、納税まで実に多くのデータがネット上で公開されているんだ。さらにあらゆる情報にアクセスできるFSBが、出入国情報を含むデータを横流しし、売りさばいている。こうした情報は企業の警備部門や一部のメディアが手に入れている。私たちは14年までに1000以上のデータをダウンロードしていた。とにかく、スクリパリ事件の調査を通じて、私たちはその使い方をマスターしたのさ」

私はその事実に驚きながら、FSBの汚職を含めた個人情報のずさんな管理はロシアらしいとも思った。自国のデータの分析によってスクリパリ事件の容疑者が割り出されたことを知ったロシア当局は、一部データを改ざんしたり、破棄したりした。それでもベリングキャットの名前が一段と知れわたったことで、逆に情報提供者が相次ぎ接触してくるようになった。その中にはロシア政府幹部とGRUが連絡を取り合っている通信記録の提供もあるという。

ベリングキャットの活動は「市民インテリジェンス」とも呼ばれる。基本的に誰でもアクセス可能なネット上の情報の分析に特化することで、政府機関からの独立を維持しているからだ。ベリングキャットを巡っては報道機関なのか、一種の活動家グループなのかといった議論もある。グロゼフにそのことを聞いてみた。

「私たちの調査はいつも政府という巨大な権力を相手にしている。真実を探るというよりは、真実を守る活動といった方が良いかもしれないな。私自身は記者だと思っている。データ分析に特化するのは、情報源は大きな間違いを犯すし、ウソもつくからだ。私たちは一切、情報機関に頼っていないし、協力もしていない。だから独立していられるんだ。スパイを使って内情を探る情報機関と比べて、データを駆使することで全体像が見えることもある」

現場取材をしながらも、決定的な裏取りを政府の情報に頼ってきた私は少し耳が痛かった。

ベリングキャットは記事発信の48時間前に、当局に内容を伝えているという。ネット上の証拠が消される可能性があるためだ。例えばMH17の撃墜事件では、オランダを中心とする国際合同捜査チーム（JIT）に証拠をすべて提供したという。この事件を巡っては20年3月から裁判が始まっており、ベリングキャットの証拠が多大な役割を果たしている。その意味ではやはりジャーナリズムを超えている面がある。

グロゼフは「29155部隊のメンバー21人を独自に特定した」と明かしてくれた。

ロシアの納税や旅券発行の記録、各国への査証申請の記録を分析し、09～10年に工作員21人に偽の身分が与えられ、偽名で旅券が発行されていたことを発見したのだ。旅券はすべてモスクワ中央移民局で発行され、共通する番号が使われていた。欧米情報機関が29155の企てと特定した16年のモンテネグロのクーデター未遂事件や、ブルガリアで起きた毒殺未遂事件に関与したGRU工作員を、最初に突き止めたのもグロゼフのチームだ。やはり欧米情報機関の先を行っているのかもしれない。

ビザ申請や入国、搭乗の記録などによれば、29155の工作員は10年から1人平均25回、海外に渡航していたという。チェコ、ギリシャ、ブルガリア、北マケドニア、韓国、ドバイ、トルコ、中国、マレーシア……。

「日本には行っていないよ」

グロゼフは笑った。

「スクリパリ事件なども含めて、私たちのチームがこれまで知り得たのはおそらく工作の10%だろう。GRUは軍の機関らしく、一定の規律で動いているから、足取りをつかみやすい。スクリパリ事件やモンテネグロのクーデター工作など、GRUの無謀ともいえる活動の背景には、ＦＳＢやＳＶＲとの競争意識が働いていると思う。ＧＲＵと比べると、ＦＳＢは汚職に手を染め、犯罪グループとも協力しているから、手口が見えにくいんだ」

こうした見方は、私が取材したヨーロッパ情報当局高官Ｘの話とも重なる。

グロゼフの調査によれば、18年7月を最後に２９１５５工作員の海外渡航はパタッと止まった。スクリパリ事件の容疑者らが割り出されたことで、組織の全貌をつかまれているのではないかと恐れ、活動停止に追い込まれたのだ。

そこで私は思い至った。なるほど、私に２９１５５について明かしたＸをはじめ、欧米情報当局者が部隊の存在を報道機関にリークし始めたのは、部隊の活動が止まり、工作員を取り押さえる機会がなくなったと判断してからだということだ。

ベリングキャットなどによって工作を明るみに出されたＧＲＵが揺れていることは確かだ。ロシア国防省は18年11月、ＧＲＵトップのイーゴリ・コロボフが62歳で死去したと発表した。「長期にわたる病のため」としたが、スクリパリ事件の実行犯や、オランダなどでのサイバー工作が相次ぎ暴かれた直後の死だけに、臆測が飛び交った。因みに前任のＧＲＵトップ、イーゴリ・セルグンも16年、在任中に59歳で急死している。

「それでも、ロシアの工作による攻勢は続いているし、欧米も対ロシア政策で一枚岩になっていませんよね」

私が指摘すると、グロゼフはこんな風に答えた。

「過去3年間で見れば、私たちの方が勝っていると思うよ。少なくとも1つの部隊（29155）は活動停止に追い込んだんだ。それに、各国でロシアに対する警戒意識は明らかに高まった。例えばドイツとか、これまでロシアと対峙することに慎重だった国を含めてだ。いいか、犯罪行為により、混乱を引き起こすのは容易いんだよ。しかし、その結果はどうだ。ロシアは豊かになっているといえるか？」

ロシアの工作活動を巡るなぞときを熱心に語り、議論に興じるグロゼフに私は親近感を覚えた。ネットオタクではもちろんないし、活動家でもなく、やはり記者だと感じたからだ。

私は少し個人的なことを聞いてみた。身の危険は感じていないのか。MH17とスクリパリ事件などの真相を暴かれ、ロシア政府高官らはこぞってベリングキャットを名指し批判するようになっている。

「妻はいつも怒っているよ。なんで時間とお金を無駄にし、家族も危険にさらしてまで、こんな仕事を続けるのかとね。去年（18年）スクリパリ事件の報道でヨーロッパの調査報道の賞をもらったから、妻にこう言ったんだ。ほら、やる価値はあるだろってね」

グロゼフはそう言って笑い、そのあとにこう打ち明けた。

「実はきょう、ちょっと深刻な暗殺の脅迫を受けたんだ。FSBやGRUではないと思う。

彼らは記者は狙わないからな。多分（プーチンを信奉する）セルビアの極右グループだ。とにかく、脚光を浴び続けることが安全の保障になる。そう思って、やっているんだ」

愚問だとは思いながら、命懸けで調査報道を続ける動機を問うと、グロゼフはあっさりと答えた。

「これが特技だからさ」

少し格好良すぎだ。

欧米の情報機関による反撃やベリングキャットの調査により、各国でＧＲＵやＦＳＢの工作活動への認識が深まり、警戒感が強まったことは確かだ。しかし、ロシアの工作を担うのはこうしたスパイ組織だけではない。

第二章

ロシアのプレーブック

1．美女とカネとポピュリスト

モスクワでの密談

ロシアの首都モスクワの赤の広場の近く、20世紀初頭に建てられたホテルメトロポールは帝政時代の栄華を偲ばせる場所だ。そのメトロポールのアールヌーボー調のラウンジで2018年10月18日、イタリア人3人とロシア人3人のグループが密談していた。

「来年（19年）5月には欧州議会選がある。我々はヨーロッパを変えたいと思っているんだ。新しいヨーロッパは、ロシアと親密でなければならないと考えている」

こう口火を切ったのは、イタリアの極右政党「同盟」党首マッテオ・サルビーニの側近、ジャンルーカ・サボイーニだった。

オーストリアの自由党、ドイツ極右政党「ドイツのための選択肢」、フランスの極右政党党首のマリーヌ・ルペン、ハンガリーのビクトル・オルバン政権など、ヨーロッパ各国で台頭したポピュリズム勢力の名を挙げながら、サボイーニは力説した。

「サルビーニが仲間とともにヨーロッパを変えてみせる」

身元の割れていないロシア人の一人がすかさず応えた。

「ありがとう。我々は技術的な文書の作成を終えたところで、副首相にあげる用意ができている。最後の詳細を詰めようじゃないか――」

この後、約1時間15分、英語にロシア語とイタリア語を交えて、ロシアからサルビーニ率いる同盟に資金を供与する手はずが協議されていく。

メトロポールのこの密談は、イタリアの高級誌エスプレッソが19年2月にすっぱ抜き[1]、ネットメディアのバズフィードが後に会話の一部始終を収めた音声テープを入手し、7月に英文の筆記録と合わせて報じた[2]。

私は恥ずかしながら、エスプレッソ誌の報道を見落としており、バズフィードが音声テープを公開し、騒ぎが広がった時に初めて事件に気づいた。バズフィードが公開した筆記録を読み込むと、ロシア側が300万トンの石油を市場価格よりも割引してイタリアに売却し、その差額を同盟に横流しする計画が話し合われていた。

さもありなんと、私は率直に感じた。

ヨーロッパのポピュリズム勢力をロシアが支援しているとの疑惑は、かねてからくすぶっていた。40代半ばのサルビーニは過激な言動で反EU、反移民をあおって支持を集め、ポピュリズム指導者の代表格と目されていた。同盟は18年3月のイタリア総選挙で第3党に躍進し、サルビーニは連立政権の副首相兼内相に就任していた。それ以前から、側近のサボイーニを伴ってモスクワを何度か訪問、ロシアが14年にウクライナ領クリミアを併合すると支持を表明し、EUによる対ロ制裁の解除を訴えてきた。

密談では、驚くことに両国の大手企業を絡ませてロシアから資金を融通する方法が話し合われていた。プーチン政権の支配下にあるロシア企業はともかく、イタリア企業が不透明なカネの流れに関与する素地があることを示している。

「イタリア側は（国営石油会社）ENIですよね。我々の方にはロシア石油会社と2つの仲介会社がついていますよ」

ロシア側のこんな発言に対し、イタリア側はこう返した。

「とにかく名の知れた主要企業（の取引）であることが最も重要だろう」

具体的にロシアの国営石油会社ロスネフチ（36ページ）と大手民間石油会社ルクオイルの名前が、双方から挙げられた。大企業を隠れみのにすれば、不正資金が疑われにくいという思惑がうかがえる。

与信を担う銀行も、イタリア大手金融機関インテーザ・サンパオロ・グループのロシア子会社、インテーザ銀行を使う方針が示された。同行はロシアとイタリア間の貿易の半分以上の金融業務を手掛けている。

メトロポールの密談は、最終的にロシアが毎月25万トンのディーゼル油を一年にわたり輸出し、市場価格から4％割引した分の資金を同盟に供与するということでまとまる。バズフィードによれば、ざっと6500万ドルが同盟の手にわたる計算になる。

サルビーニ側近のサボイーニらは、明らかに19年5月の欧州議会選の選挙キャンペーン資金を意識しており、「とにかく、迅速に行う必要がある。最初の供給は（18年）11月が良い……選挙が迫っている」となどと訴える。

サルビーニはメトロポールでの密談には参加していないが、彼自身もこの時、イタリア企業家の主催する会議に出席する名目でモスクワにいた。エスプレッソ誌によれば、密談の前日、サルビーニはプーチンの側近である副首相ドミトリー・コザクと、与党統一ロシアの幹部ウラジーミル・プリギンのオフィスで会談していた。コザクもプリギンも、ロシアのウクライナ侵攻を巡って、欧米から資金凍結などの制裁を科されている。

身元の割れていないロシア側の3人のメンバーは、「（恐らくコザクを指す）副首相に（石油取引を通じた同盟への資金供与の）計画を上げる」、「プリギンさんと話し合う」などと語っており、ロシア政府が関与していることが濃厚だ。

エスプレッソ誌が密談を報じた19年2月、サルビーニは報道を全面否定した。サルビーニの同盟は、同じ年の5月の欧州議会選挙でイタリアの政党の中で最も高い34％を得票した。この選挙では、ヨーロッパ各国で極右ポピュリズム政党が得票を伸ばしており、同盟も勢いづいていた。

選挙から2カ月後にバズフィードが音声テープの証拠を突きつけると、さすがにイタリア議会などから糾弾する声が強まったものの、サルビーニは疑惑を一蹴した。

「私はロシアから（ロシアの通貨）ルーブルもユーロもドルも1ℓのウオッカも受け取ったことはない」

ミラノの検察当局が捜査を開始したとの報道もあったが、その後の進展は伝えられておらず、資金が実際にロシアから同盟に流れたのかどうかの調査はうやむやになっている。イタリアの国営石油会社ENIや大手行のインテーザ銀行なども関係しているだけに、政治的な配慮が働いたとしても不思議ではない。

ハニートラップ？

オーストリアでも欧州議会選直前の19年5月、隠し撮り映像がリークされ、政界が揺れた。舞台はスペインの保養地イビサ島の高級ビラ。17年7月にオーストリア自由党党首ハインツ・クリスティアン・シュトラッヘと、その側近のヨハン・グデヌス夫妻、そして謎の金髪美女の姿を複数の隠しカメラとマイクが捉えている。

テーブルにはシャンペン、ウオッカ、そしてシュトラッヘへの好物といわれる強壮ドリンク

「レッドブル」。中年政治家のシュトラッヘが、ショートパンツにハイヒール姿の金髪美女の隣でソファにもたれて語る映像は、まるでB級映画の1シーンを思わせる。

ドイツを代表する報道機関である南ドイツ新聞とシュピーゲル誌が、6時間にわたるというこの密会の映像を入手し、一部を公開した[3]。

両紙誌によると、アリョナ・マカロワと名乗る美女は、プーチンに近いロシアの財閥オリガルヒの姪と称し、シュトラッヘにこうもちかけた。

「完全には合法ではないために銀行に預けることのできない資金、2億5000万ユーロをオーストリアに投資することを考えているんだけど……」

美女は具体的にオーストリアの人気タブロイド紙、クローネン・ツァイトゥングの株式半分を買収することを検討していると話す。最初は警戒感を示していたシュトラッヘは、このアイデアに関心を示し、興奮した様子で語る場面の映像が公開されている。

「もし彼女が選挙の2～3週間前にでもクローネン紙を買収し、紙面で自由党を後押ししてくれれば、27％ではなく、34％の票が取れるぞ」

オーストリア自由党への献金について、シュトラッヘが言及する場面もある。監査機関に届け出が必要な党への直接の献金ではなく、非営利団体を迂回して資金を自分の政党に流す方法について話し、美女には、自由党に献金すれば、見返りとして公営カジノへの参画や高速道路建設など、公共事業を発注するといったことを示唆している。

この発言は、シュトラッへの側近であるグデヌスが、あまりうまくないロシア語に訳して美女に伝える様子が映っている。ロシアに留学経験があるグデヌスは、シュトラッへとロシアのつなぎ役と目されている。

オーストリア自由党は、イタリアのサルビーニと同じように反移民・反EUを押し出して支持を広げ、この密会の3カ月後の17年10月に行われたオーストリア総選挙で、第3党に浮上した。セバスティアン・クルツ率いる与党・国民党と連立政権を樹立し、シュトラッへは副首相兼内相に就任する。

19年にイビサの隠し撮りが公開されると、シュトラッへはまたたくまに辞任に追い込まれた。記者たちに追及され、会見では釈明に追われた。

「アルコールのせいと、美女の前で格好付けたいという『マッチョな振る舞い』だった」

そして怒りもあらわにした。

「隠し撮りは、情報機関により仕組まれたハニートラップだ!」

国民党と自由党の連立は崩壊し、19年9月の議会選の結果、国民党と緑の党による新たな連立政権が発足する。自由党は勢いを失い、シュトラッへは後に党からも除名された。

シュピーゲル誌と南ドイツ新聞は入手先を秘匿し、背後関係や動機は不明と説明しており、隠し撮りを誰が仕掛けたかは分からない。実際の密会から2年近く経ってから映像が表に出てきたのは、欧州議会選前のタイミングを捉えたとも考えられる。情報当局か、政敵の仕業か。真相は闇の中だが、確かなのはシュトラッへらがロシアマネーを選挙に利用しようとしたことだ。

ポピュリズムへの「長期投資」

イタリアのサルビーニやオーストリアのシュトラッへだけでなく、ヨーロッパ各国のポピュリズム勢力には、反移民、反ＥＵに加えてもう一つの共通項がある。みな一様にプーチンを称賛していることだ。ウクライナ侵攻を巡ってＥＵが科す対ロ制裁の解除を主張し、ロシアとの関係改善を訴える。プーチンを「優れた指導者」と評し、16年の選挙戦から一貫して対ロ融和を主張してきたトランプとも重なる。

フランスの極右政党党首ルペンは、自ら立候補したフランス大統領選を控えた17年3月にロシアを訪問し、プーチンと会談した。ロシア記者団の前でプーチンをこう持ち上げている。

「プーチン大統領は主権国家と新しいビジョン、そして新たな世界の代表だ」

ルペンの政党には、実際にロシアから資金が供与されたことが明らかになっている。14年にロシア系の銀行から、９００万ユーロ融資された。

17年のルペンとプーチンの会談の直後に、私が取材したロシア政府に近い関係者は、ロシアのルペンへの支援についてこんな見方を示している。

「クレムリンは今回の大統領選挙でルペンが勝てるとは考えていないさ。ロシアの影響力を見せつける意味もあるし、長期投資といえる面もある。(大統領選の対抗馬エマニュエル)マクロンが大統領になって改革に失敗すれば、次期大統領選ではルペンにチャンスが出てくるだろう」

クレムリンが、ヨーロッパのポピュリズム勢力に「長期投資」してきたことは確かだ。政権に近いオリガルヒ、コンスタンティン・マロフェーエフが14年5月、ヨーロッパ各国の極右指導者をウィーンに集めて会合を開いたことが分かっている。[4] マロフェーエフは、ウクライナへの工作や、モンテネグロのクーデター未遂事件にも関与したとされ、アメリカの制裁対象になっている人物だ。プーチン政権の与党「統一ロシア」は、16〜17年にオーストリアの自由党、およびイタリアの「同盟」と、それぞれ協力協定を結んだ。17年のドイツ議会選の前には、「ドイツのための選択肢」の党首が訪ロしたことも確認されている。

ヨーロッパの極右ポピュリズム勢力を後押しし、抱き込みを図るプーチン政権の狙いは何か。

私は、17年2月に取材した国際会議でのロシア外相セルゲイ・ラブロフの演説に、一つの答えを見た気がした。

ラブロフは安全保障問題を巡って各国政府の首脳や幹部、識者らが年に一回集って議論する「ミュンヘン安全保障会議」でこう言い切った。

「ロシアが求めているのはPost-West World Order（欧米主導の世界の後の秩序）だ」

トランプを含む欧米のポピュリズム指導者は、反移民を掲げ、人種差別的な発言を繰り返すなど、自由主義の価値観に背を向ける。自らを国民の唯一の代表とみなし、反対する者は「国民の敵」「裏切り者」と切り捨てて、社会の分断をあおる。ロシアにとってポピュリズムの台頭は、欧米主導の秩序を象徴するEUやNATOを弱体化させる好機にほかならない。ポピュリズム勢力が政権を取れば、自由・民主主義体制そのものを崩せるかもしれない。

ミュンヘン安全保障会議に出席していたヨーロッパのある国の元首相にラブロフ発言について聞くと、危機感をあらわにした。

「（ラブロフの発言は）ほとんど宣戦布告だ」

16年のイギリスのEU離脱（ブレグジット）とアメリカ大統領選でのトランプの勝利、さらにポピュリズム勢力の躍進に欧米が揺らぐなか、当時はモスクワで取材をしていても、プーチン政権の活気が伝わってきた。この時期に取材したあるロシア政府に近い人物は、政府内の雰囲気をこんな風に語っていた。

「ロシアがナポレオンを撃退した1812年と重ねる声が出ているよ。200年ぶりの大勝利は近いってね」

2.「シュレーダリゼーション」

情報機関高官との接触

欧米の不安定化を狙ったロシアの工作に懸念が高まっていた18年、私はヨーロッパの情報機関高官Xと接触し、初めて取材にこぎ着けた。第一章で紹介した人物だ（28ページ〜）。ロシアの活動について、Xは欧米情報機関のこんな認識を明かしてくれた。

「(16年) アメリカ大統領選への介入から、ロシアの情報工作とサイバー攻撃ばかりに焦点があたっているが、最大の脅威は各国の有力者がロシアに取り込まれていることだ。政治家や政策を担当する官僚、財界人に活動家、それにジャーナリストまで、ロシアは『親ロシアのネットワーク』を着実に広げている。我々の政治・社会を混乱させ、変えるための、長期戦を仕掛けている」

欧米の情報機関は、「ロシアの協力者」をマークしてその動きに目を光らせ、情報を共有しているという。Xはもちろん具体的に誰なのかは教えてくれなかったが、「協力者」を探るためのヒントはくれた。

①　ウクライナ領クリミア半島の併合を支持し、対ロ制裁の解除を主張する者
②　プロパガンダメディアである「RT」など、ロシアの国営メディアへの出演者
③　ロシアで行われる選挙に監視団として招聘(しょうへい)される者
④　ロシアのシンクタンクが主催する会議への出席者

——だという。

まさに各国のポピュリズム勢力に当てはまる。ロシアとの共謀疑惑で訴追されたトランプの元補佐官（安全保障担当）マイケル・フリンや、ブレグジットを主導したイギリス独立党（UKIP）の元党首ナイジェル・ファラージらは、RT出演の常連だった。

Xは、ポピュリズムについて、「（ロシアとつなぐ）ミドルマン（仲介者）がいる」とだけ明かした。いまから思えば、冒頭のスキャンダルに登場した、イタリアのサボイーニやオーストリアのグデヌスがこれに当たるのではないか。サボイーニ夫人はロシア人で、グデヌスはロシアに留学経験がある。

Xによれば、「協力者」のリクルート手段は、裏ガネやビジネスの利権、プーチンとの面会の機会やメディアへの露出による政治支援のほか、例えばハニートラップなどで弱みを握られているケースもある。

取り込み工作を担うのはGRU（ロシア連邦軍参謀本部情報総局）やSVR（ロシア対外情報局）のスパイだけではない。ロシアの財閥オリガルヒや研究機関、正教会、そして犯罪組織まで使っているという。こうしたネットワークを利用すれば、政権にとって、関与を否定できる利点もある。

「ロシアの最大の武器はカネと汚職だ。ためしに、ロシアの主要企業の役員や顧問を調べてみるといい。そこから見えてくる」

Xはそんなアドバイスをくれた。

取材の後、私はすぐにロシアの主要企業の役員を調べてみた。驚くことに、20人以上の各国の政財界人が名を連ねていた。

ヨーロッパの一部の外交官の間ではこのころ、「シュレーダリゼーション」という言葉が飛び交っていた。ドイツ前首相ゲアハルト・シュレーダーになぞらえて、各国の有力者がロシアに懐柔されることを意味する。

シュレーダーは05年に退陣するとすぐ、ロシア国営天然ガス会社ガスプロムの子会社の役員に就任した。ロシアからドイツに直接天然ガスを輸出する海底パイプライン「ノルドストリーム」建設の旗振り役を担った。この事業は、ロシアとヨーロッパを結ぶ天然ガスの供給網からウクライナを外すと同時に、エネルギービジネスでドイツなどを囲い込むことを狙った政治案件と受け取られている。

シュレーダーは、ロシアがウクライナ領クリミア半島を武力併合した14年、サンクトペテルブルクの宮殿で、自分の70歳の誕生日をプーチンと祝い、物議を醸したこともある。17年には、欧米の制裁対象であるロシア国営石油会社ロスネフチの会長にも就いている。ドイツ首相時代からプーチンを一貫して擁護し、批判したことがない[5]。誰も彼も糾弾しまくるトランプが、プーチンだけには矛先を向けたことがないのと似たものがある。

カネか、それとも弱みを握られているのか……。極めて親密なシュレーダーとプーチンの関係を巡っては様々な臆測(おくそく)が飛び交うが、両者は03年、フランス大統領ジャック・シラクとともに、アメリカのブッシュ政権が強行した対イラク戦争に協調して反対し、盟友関係を深めた。プーチンはこの時期、イタリア首相シルビオ・ベルルスコーニとも親密だった。

ロシア政府に近いある政治評論家は18年の取材で、この時期を「プーチン外交の黄金時代」と評したことがある。

「プーチン政権の最大課題はヨーロッパとの関係を立て直すことだ。親ロ的な政府の樹立を各国で後押しし、アメリカと分断しなくてはならない」

天下る政治家たち

ポピュリズム政党とロシアの関係を巡ってスキャンダルが浮上したイタリアとオーストリアは、ヨーロッパの中でもロシアが食い込んでいる国といえる[6]。

両国とロシアの関係はソ連時代に遡る。イタリアの国営石油会社ＥＮＩは、１９６０年代に西側で初めてソ連と石油輸入契約を結んだ。イタリアを代表する自動車メーカー、フィアットもソ連に現地生産工場を立ち上げている。中立国であるオーストリアの国営エネルギー会社ＯＭＶも、１９６８年に天然ガスの輸入契約を西側のなかで初めてソ連と締結している。

ロシアはまず、こうした商業関係をテコに両国に浸透している。ＯＭＶとＥＮＩはそれぞれ、ロシア国営のガスプロム、ロスネフチと提携関係にあり、オーストリアとイタリアはロシアからのエネルギー輸入依存を高めている。ＯＭＶは、ロシアとドイツを結ぶ天然ガスパイプラインの拡充事業「ノルドストリーム２」にも参画する。

金融の結びつきも深い。ロシアの国営銀行ズベルバンク、ＶＴＢは、ウィーンに欧州業務の本部を置いていた。オーストリアのライファイゼン銀行や、イタリア最大の金融グループ、ウニクレディトはロシア業務を拡大してきた。モスクワのホテルメトロポールでの密会で、ロシアからイタリアの極右政党の同盟に資金を流す際の仲介銀行として名前が出てきたイタリア第2の金融機関、インペサ・サンパオロは、ＥＵのロシアに対する制裁に公然と反対を表明している。

ロシアがオーストリアで取り込みを図る政治勢力は、極右の自由党だけではない。私が調べたロシアの主要企業の外国人の役員や顧問で、目立ったのはオーストリアの政治家だった。

与党国民党の元首相ウォルフガング・シュッセルは、首相を退いたのち、ロシアの大手通信会社MTS役員を務め、その後は民間大手石油会社ルクオイルの役員となった。同じく国民党の元財務相ハンス・ヨルグ・シェリングと有力野党・社会党の元首相クリスティアン・ケルンも、それぞれガスプロムの顧問とロシア鉄道の役員に就いていた。

18年6月、大統領再任後の初の外遊先としてオーストリアの首都ウィーンを訪問したプーチン。左はオーストリア大統領、アレクサンダー・ファン・デア・ベレン

ヨーロッパの情報機関高官Xとの取材の後に、文化交流団体や研究機関を調べてみると、やはりロシアの影響力の拡大に利用されているフシがある。例えば、KGB出身でロシア鉄道社長だったウラジーミル・ヤクー

ニンが、16年にベルリンに開設した研究機関「文明の対話」には、オーストリアなど各国の政治家が関与していた。

2つのスキャンダルに登場したオーストリア自由党のグデヌスとイタリアの極右政党、同盟の顧問サボイーニは、それぞれ「オーストリアとロシアの友情の会」の役員と「ロンバルディア州ロシア文化協会」の会長を務めている。こうした団体を核に親ロシアキャンペーンを展開する。

18年3月の大統領選で再選を果たしたプーチンは、初の外遊先として同年6月にオーストリアを訪問した。就任後、どこを最初に訪問するかは、その政権の外交を占ううえで大きな意味を持つ。オーストリア訪問が発表された時、私はヨーロッパ切り崩しを狙うプーチンの、並々ならぬ意欲を感じた。

オーストリアは同年7月にEUの議長国に就任予定だった。当時は、親ロ姿勢を前面に押し出すオーストリアの極右政党・自由党のシュトラッへが副首相を務めており、首相のクルツも「欧州とロシアの仲介役となる」と表明していた。オーストリアは対ロ関係に配慮し、スクリパリ毒殺未遂事件を巡るロシア外交官の国外追放も見送っていた。プーチンはこの外遊の2カ月後にもオーストリアを再訪し、同国の女性外相カリン・クナイルスの結婚式に出席し、花嫁とダンスして両国の友好的関係をアピールした。

広がる親ロシアネットワーク

ヨーロッパの親ロシアのネットワークは底知れない。

例えば、チェコ。同国大統領ミロシュ・ゼマンは、スクリパリ毒殺未遂事件を巡って、イギリス政府が神経剤ノビチョクが使われたとしてロシアの関与を断定すると、「チェコもノビチョクを製造していた」と、ロシアを援護してみせた。クリミア併合を支持し、ロシアに対する制裁の解除を声高に主張し続けている。

ゼマンの周辺にも、イタリアのサルビーニのような「ミドルマン」と目される人物がいる。(7) 大統領顧問のマルティン・ネジェドリーだ。彼は1990年代に長くロシアで働き、16年までロシアの石油大手ルクオイルの、チェコ子会社の幹部だった。大統領ゼマンのロシア訪問やロシアの要人との会談にすべて同行し、まるで影のように動いている。ゼマンの政治活動を資金面で支えるとされるのもロシア系だ。(8) アレクセイ・ベリアイエフという人物で、隣国スロバキアの財閥オプティフィンのオーナーを務める。同財閥は、ソチ冬季五輪のインフラ事業を請け負うなど、ロシア国営企業から多くのビジネスを受注しており、チェコのメディアは「プーチン政権と中欧の橋渡し役」と指摘する。

18年1月のチェコ大統領選では、ロシアが情報工作によりゼマンの再選を助けた疑いが浮上した。ＥＵとの協調を重視する学者出身の対抗馬イジー・ドラホシュについて、ロシア寄りの情報を流すウェブメディアなどが、「（共産主義時代の）秘密警察協力者」「移民受け入れ推進者」「小児性愛者」といったデマを流布し、有権者に直接メールを送りつけるケースもあった。ゼマンとドラホシュの得票率は３％足らずと僅差だったため、偽情報が選挙結果に影響した可能性がある。

ギリシャと北マケドニア（旧マケドニア）で18年に明るみに出た工作活動も、ロシア系オリガルヒの暗躍ぶりを浮き彫りにした。

両国は同年６月、マケドニアが北マケドニアに国名を変更することで、長年の対立に終止符を打つことで合意していた。ギリシャにとって「マケドニア」とはアレクサンダー大王が治めた地であり、同国北部はいまもマケドニア地方と呼ばれる。このため、ギリシャは１９９１年に独立した隣国がマケドニアと名乗ることを認めず、同国のＮＡＴＯ加盟に反対してきた経緯がある。ロシアは、ＮＡＴＯ拡大に道を開く国名変更の合意を妨害するため、ギリシャ北部一帯の地方政府高官やギリシャ正教会の高位聖職者、極右グループらを、「ビジネスマン」を通じて買収し、反対運動を仕掛けたのだ。

この工作は欧米情報機関が通信やメールを傍受し、ロシアの動きをつかんだことで明るみに出た。[9] そこで浮かび上がったのは、１人のロシア系オリガルヒだった。ロシア最大のタバコ会社の民営化で富を成し、与党統一ロシアの下院議員を経て、2000年代半ばにギリシャ北部に移住したイワン・サビディスだ。ギリシャ第2の都市テサロニキのサッカーチーム「PAOK」やメディアを次々に買収し、同地にビジネス帝国を築いている。汚職問題を追求する記者集団、「組織犯罪と汚職の報道プロジェクト」(OCCRP)の調べによると、[10]北マケドニアの反政府勢力にも、少なくとも30万ユーロ送金していたことが明らかになっている。

北マケドニアでも国名変更への反対デモが組織されており、サビディスから資金を受けていたサッカーチーム「バルダル」のファンクラブの若者らが動員され、騒乱を引き起こした。このサッカーチームの所有者も、セルゲイ・サムソネンコというロシア系のオリガルヒであり、サビディスと組んで妨害工作を担った可能性がある。北マケドニア1番の富豪といわれるサムソネンコは、同国でロシアの名誉領事を務め、16年まで政権の座にあった親ロ派政党を支援していた。

サビディスもサムソネンコもこの事件で私は初めて知った。ロシアの妨害にもかかわらず、北マケドニアは20年3月にNATO加盟を果たしたが、私にとってはロシアの工作ネットワークの広がりが印象に残った。

3．マフィア国家の構図

ロシアなぞるトルコの危うい熱気

情報機関のスパイから国内外のオリガルヒまでが担うロシアの対外工作の根っこには、プーチンの統治スタイルがある。私がそう考えるようになったきっかけは、トルコのイスタンブールでの取材だった。

16年7月15日、トルコでは軍部によるクーデター未遂事件が起きた。イギリスのEUからの離脱（ブレグジット）の取材でロンドンにいた私は急きょ、現地支局の応援のためイスタンブールに入った。

イスラム主義を押し出して強権を振るう大統領レジェップ・タイイップ・エルドアンに対し、世俗主義の軍の一部が反乱を起こし、イスタンブールや首都アンカラに兵を展開した。クーデターは失敗したものの、民間人を含めて200人以上の死者が出ている。

事件直後の現地での取材を通じて、私は何よりもロシアを踏襲するかのようなトルコの政権の動きに目を見張った。

イスタンブールは過去に何度も訪れたことのある地だが、この時は空港を出るなり、もやっとした危うい熱気を感じた。トルコ国旗を振りかざす市民や銃を持つ治安部隊の姿をあちこちでみかけ、これまで経験したことのない張り詰めた空気が漂っていた。

日暮れに中心部のタクシム広場に行くと、赤いトルコの国旗を掲げる数万人のエルドアン支持者で埋め尽くされていた。デモ隊は、多数の犠牲者を出したクーデター未遂の首謀者たちへの怒りと、エルドアン政権を非民主的だと批判する欧米に対する不満をあらわにした。一部デモ参加者が、人形をつるして行進しながら叫んだ。

クーデター未遂事件後のトルコのデモ。つり下げられた人形の頭部に貼られているのは、大統領エルドアンの政敵、フェットフッラー・ギュレンの写真

「やつらをつるせ」

人形の頭部には大統領エルドアンの政敵で、アメリカに住む市民運動の指導者フェットフッラー・ギュレンの写真が貼られている。エルドアンはクーデターの首謀者はギュレンだと決めつけ、市民の怒りをあおっていたのだ。

私は子連れの家族の姿も目立

つデモの中に入り込み、デモ参加者に話を聞いた。20代の男性はギュレンの滞在を認めているアメリカを非難し、まくしたてた。

「トルコは絶対にアメリカの言いなりにはならない」

妻と大学生の娘を連れた男性はこう語った。

「トルコはもはやEUに加盟する必要はない。自ら十分な民主化をなし遂げたからだ」

この日のデモは深夜まで続いた。

大統領エルドアンはこうした「民意」を盾に、一気に強権に走っていく。軍人や裁判官ら1万8千人を逮捕、拘束し、公務員ら7万人を解任した。100社以上のトルコ報道機関の取り潰しも命じた。事件の捜査を口実に、政敵であるギュレンの支持者らを一掃し、エリート層を自らに忠実な人物に入れ替える狙いが読み取れた。エルドアンはその後、17年の憲法改正により大統領の権限を拡大、18年に再選を果たし、議会も与党で固めていく。

「プーチンを明らかになぞっている……」

私の目にはそんな風に映った。2000年に就任したプーチンは、エリツィン前政権下で政治への影響力を行使した財閥オリガルヒを一掃し、KGB時代の仲間らで中枢を固め、メディア支配を進めた。テロなど危機に際し、強い指導者のイメージを演出して国民の求心力を高め、権力拡大につなげていくやり方も同じだ。それぞれロシア帝国（ソ連）とオスマン帝国のような「大国の復活」を掲げ、「敵」の存在を強調し、愛国心をあおって支持を取り付ける。「ポピュリズム独裁」と呼ぶ声もある。

トルコでクーデター未遂事件後に政府が動員したデモには、クーデターを阻止した高揚感と「裏切り者」に対する怒り、そして欧米への不満が渦巻いていた。エルドアンは国民感情を利用して、反対派の弾圧を正当化したのだ。

「求心力はカネ」

14年のロシアの雰囲気も似ていた。プーチンは、市民運動により親ロシア政権が倒されたウクライナの政変を「アメリカの陰謀」と断じた。ウクライナ領クリミア半島を一気に併合し、「ソ連崩壊以来の勝利」で国民を熱狂させ、支持率を一時8割に押し上げている。

トルコの情勢を目撃しながら、クーデター未遂の1カ月前の16年6月、ハンガリーの首都ブダペストでインタビューした、同国の元教育科学相バーリント・マジャルの話を思い出し、すっと腑に落ちた。マジャルは「マフィア国家」という概念をまとめた社会学者である[11]。

「プーチンらの国家体制の核となるのはトップへの絶対的な忠誠なのです。これは『ファミリー』から成るマフィアの組織に近い。犯罪行為も辞さず、政府、議会、司法、治安機関、メディア、そして産業界までファミリーの支配を進める統治です」

マジャルに言わせれば、「マフィア国家の求心力はイデオロギーや理念ではなく、すべてカネにある」。

プーチン政権は権力を固める過程で、エリツィン前政権時代の新興財閥オリガルヒなど民間企業の資産を没収し、KGB出身の政権内強硬派シロビキらに分配した。プーチンに従わない企業は生き残れない。トルコのエルドアンも、クーデター未遂事件直後に同様の手法をとった。クーデター首謀者と決めつけたギュレンに近いとされる経営者など、政権に批判的と見られる財界人への弾圧を強めたのだ。エルドアンはこの後、プーチンのようにビジネス界の支配に動いた。

マジャルは自分の母国ハンガリーも同じ流れにあると話してくれた。ハンガリー首相のビクトル・オルバンは、反移民や保守的な価値観を押し出すポピュリズムで支持率を維持しながら、報道の自由や法の支配を弱体化させた。「非自由・民主主義」という考え方を掲げ、政府機関や司法、産業界、メディアのオーナーも自分に忠誠を示す人物で固めている。プーチンの統治モデルを手本にしているともいわれ、ヨーロッパ各地のポピュリズム勢力もこれに倣っている面がある。

冒頭で紹介したオーストリア極右指導者シュトラッヘは、隠し撮りされたイビサ島での密会で、「(ハンガリーのビクトル)オルバン首相がつくり上げたような、メディア(統制)の環境がほしいな」ともらしている。

ロシアによる、欧米のポピュリズム勢力や有力者らの抱き込み策は、ロシア国内を支配する「ファミリー」の海外展開といってもよいかもしれない。ヨーロッパ情報機関高官Xが指摘したように、裏ガネや不透明なビジネス利権、相手の弱みにつけ込んだ脅しをテコに各国で影響力を伸ばす。工作では、FSBやGRUなどスパイ機関だけでなく、政権に忠誠を示す財閥オリガルヒも暗躍する。

アメリカ当局はおそらく、こうした「マフィア国家」の構造を見抜いている。18年4月にロシアの7人のオリガルヒとその傘下にある12企業を狙い撃ちしたアメリカの新たな対ロ制裁を見て、私はそう確信した。

アメリカ財務省はこの時、ウクライナ侵攻や16年のアメリカ大統領選への介入を含む各国での工作活動など、ロシアの「悪意に満ちた行動」を非難し、制裁対象が腐敗した体制から利益を得て、政府の行動を支援していると断じた。ロシアの政府高官やオリガルヒら200人以上の「将来の制裁対象リスト」も公表している。

この時の制裁対象には、世界有数のアルミメーカーであるルサールを傘下に置くオリガルヒ、オレグ・デリパスカらが含まれ、入国規制や資産凍結を科した。デリパスカについてアメリカ当局は「直接、間接的にプーチン政権の工作に関与している」とした。彼は16年のアメリカ大統領選で、ロシアとの共謀が疑われたトランプ陣営の元選挙対策部長、ポール・マナフォートを雇っていたことがあり、米メディアによると、マナフォートがトランプの選対本部長を務めていた時に頻繁に連絡を取り合っていたという[12]。

オリガルヒにとって、プーチン政権への忠誠は絶対だ。デリパスカらは14年のソチ五輪に関連する事業への私財投入を迫られている。イギリスのサッカープレミアリーグのチーム、チェルシーのオーナーとして知られるロマン・アブラモビッチというオリガルヒは、一時極東のチュコトカ自治管区の知事に任命され、私財をはたいて地域発展への投資を背負わされた。03年のチェルシーの買収も、イギリスでのロシアのイメージを改善し、存在感を高めることを狙ったプーチン政権の指示だったとの見方もある[13]。

アメリカ当局は、「ファミリー」の中核と呼べそうなプーチンに特に近いオリガルヒに対しては、14年のウクライナ侵攻の直後に、入国禁止や資産の差し押さえといった制裁をすぐに発動している[14]。プーチンのサンクトペテルブルク時代からの友人ゲンナジ・チムチェンコ、長年のプーチンの柔道仲間であるアルカジー・ローテンベルク、KGB時代の同僚ユーリー・コバルチュクといった面々だ。アメリカ当局によれば、チムチェンコの石油輸出企業グンバーは「プーチンが投資」しており、ロシア銀行の大株主であるコバルチュクは「ロシア政府幹部の個人バンカー」だ。

「ファミリー」は、国策企業との取引や公共事業により蓄財してきた。例えばロシアとドイツを結ぶ天然ガスパイプライン「ノルドストリーム」の拡張事業では、ローテンベルグとチムチェンコそれぞれの関与する企業が、国営天然ガス会社ガスプロムからインフラ建設を受注する。[15]この事業にはオーストリアのOMV、オランダのロイヤル・ダッチ・シェル、ドイツやフランス企業も多数参画する。ヨーロッパの有力企業を取り込むための国策事業に私益を重ねる「ファミリー」の海外展開の仕組みが浮かび上がってくる。

ロシア国内外での買収劇や大型事業、そして汚職疑惑の背景を調べる度に「マフィア国家の求心力はカネ」というハンガリーの社会学者マジャルの言葉が思い出された。それは間違いなく欧米に広がる親ロシアネットワークにも当てはまる。

第三章　黒いカネの奔流

1．ロンドンの赤の広場

泥棒政治ツアー

２０１６年の夏、ＥＵ離脱（ブレグジット）の是非を問うイギリスの国民投票がまさかの賛成多数となり、私はロンドンの取材チームの応援で数週間、同地に滞在した。金融市場では通貨ポンドが売り込まれ、首相のデビッド・キャメロンが辞任して政局も大荒れとなった。擦った揉んだの末に後任首相がテレーザ・メイに決まり、混乱が一服したところで、私は数カ月前に現地誌の記事を読んで気になっていたロンドン市内のツアーに参加することにした。

記事によると、[1]このツアーは「Kleptocracy（泥棒政治）ツアー」と銘打たれ、各国の政治家や富豪が不透明な資金によって購入したロンドンの不動産を巡る、とある。主催者のロマン・ボリソビッチという人物をネットで探り当て、ソーシャルメディアで接触すると、政治家や記者を集めてボランティアで不定期にツアーを組んでいるという。「明日は？」と問うと、「問題ない」と返事が来た。

集合場所はロンドン中心部、政府庁舎が集まるウエストミンスター区ホワイトホールの庭園だった。待ち合わせ時間の午前10時の少し前に到着。今回のロンドン滞在中、初めて政治の喧噪を逃れ、ベンチで心地よい日差しを浴びていると、「エイジか？」と声を掛けられた。

「私がロマンだ。今日はよろしく」

ツアー主催者のボリソビッチは見たところ50歳前後で、きっちりしたジャケット姿だった。もう少し若い人を想像していたので驚いた。落ち着き払った感じで、明らかにロシア語訛りの英語を話す。

ボリソビッチは挨拶もそこそこに、出し抜けに庭園のすぐ裏手の白い建物の最上階を指して言った。

ロシア政府幹部が保有するというロンドン中心部に位置する13億円超のペントハウス。イギリス首相官邸からも近い

「あのペントハウスを見てくれ。家主はロシア政府幹部のＸＸＸだ」

大物の名前がいきなり飛び出したので私は思わず、声を上げてしまった。イギリスの国防省のすぐそばの建物である。首相官邸「ダウニング街10番地」からもほど近い。こんなイギリスの心臓部にある不動産の最上階を、ロシア政府幹部が手に入れているなんて……。

ボリソビッチが名指しした政府幹部はプーチン政権内で市場経済を重視する「リベラル派」と目され、経済政策を担う人物である。私はとっさにモスクワで耳にしたこの幹部のある噂を思い出した。14年のウクライナ侵攻を巡る欧米の経済制裁により、通貨ルーブルの相場が急落しているさなかに海外に資金を逃避させ、プーチンの叱責(しっせき)を受けたというものだ。

この物件はその時に購入したものなのだろうか。

いろいろな思いを巡らせながら、ボリソビッチに聞いた。

「物件の価格は？」

「1000万ポンドは優に超える。彼はここのほかにもアパートを所有しているよ」

ブレグジットの余波で急落していた当時のポンドのレートですぐに日本円に換算してみると、13億円超ということになる。想像もできない金額だが、何しろロンドンのど真ん中だ。もっとするのではないかとも思った。

私がいつまでもペントハウスを見上げていると、ボリソビッチが先を促した。

「きょうの参加者は君だけだ。ここからは車で案内する」

私はボリソビッチのランドクルーザーの助手席に収まった。

こんなツアーを主催するのはどんな人物なのか。車内で少し個人的なことを尋ねると、ボリソビッチはモスクワ出身のロシア人だという。あくまでビジネスライクな感じで、自分の経歴をざっと話した。

「（ソ連崩壊後の）1992年にアメリカに留学し、ウォール街の投資銀行でキャリアを積んだ。で、それからロンドンに移って、投資銀行のロシア・東欧投資を担当して、一度ロシアに戻った。プーチンに代わって（ドミトリー）メドベージェフが大統領だった時（任期2008〜12年）さ。彼はプーチンよりもリベラルな印象を押し出していたから、改革に期待したんだよ。だけど、ドイツ銀行現地法人の投資銀行部門やロシアの保険会社で働いてみて、とにかく母国のひどい汚職のありさまに驚愕（きょうがく）したよ。何とかしたいと思った」

ボリソビッチはロシアを再び後にし、ロシアの不正マネーの受け皿となっているロンドンで反汚職活動に取り組み始める。愛人のための不動産を探すロシアの閣僚を装って、隠し撮りでロシアマネーにまみれるロンドン不動産業界の実態を収めたドキュメンタリー「From Russia with Cash（ロシアより現金をこめて）」を15年に制作。これがテレビで放送されて評判を呼び、「ClampK」という活動団体を立ち上げた。「泥棒政治ツアー」も反汚職キャンペーンの一環で、16年2月に始めたそうだ。

身の上話を聞いている間に、ホワイトホールから出発した車は緑豊かなケンジントン・チェルシー区に入った。ボリソビッチが物件を指し示して解説していく。

「この物件は最近、東南アジアのXXの女婿が手に入れたものだ」

某国首脳の名が飛び出したので私は再び声を上げた。その人物はそのころ、汚職疑惑の渦中にあり、大規模な辞任要求デモに直面していた。

「このアパートは中東の独裁者XXの親族が所有している」

またしても大物だ。腐敗政治の末に権力を追われたこの独裁者の一族は欧米に無数の不動産と銀行口座を持っていると報じられていた。

ロンドン中心部にある「停電街」

冒頭のロシア政府幹部の事例を含めて、家主はすべてボリソビッチと彼が率いる反汚職グループ「ClampK」が独自の調査で突き止めたものだ。私は残念ながら自分で事実関係の裏を取れなかったため、ここに実名を記すことはできない。

「このあたりは『赤の広場』と呼ばれている。特にロシア人の所有不動産が多い地区だからさ。我々もすべてを調べ切れてはいないんだ」

そこはハイドパークやバッキンガム宮殿の近く、各国の大使館が多いことでも知られる高級住宅街、ベルグレービアだった。

驚き連続のこのツアーでとにかく目立ったのはロシア系の物件だった。政府幹部、国会議員、新興財閥オリガルヒ、ウクライナの親ロシア財閥経営者らの名前が次々に出てきた。

閉鎖された地下鉄駅「ブロンプトン・ロード」跡地までロシア系の所有になっていた。ロシア国営天然ガス会社ガスプロムの子会社を経営していたウクライナ出身のあるオリガルヒが、14年にイギリス国防省から5000万ポンドで買収したのだという。その子会社が「ロシアとウクライナの腐敗の温床」と、ロシアメディアからも批判されていたのを思い出した。

いちいち感嘆の声を上げる私に、ボリソビッチは矢継ぎ早に畳みかけてくる。

「『停電街』って聞いたことあるか？」

初めて耳にする言葉だった。ロシア人など外国人が投資目的で物件を買いあさり、実際に住んでいる人はほとんどいなくなって生活感がなくなった住宅街を意味するという。それも1カ所や2カ所ではなく、ロンドンに点在するらしい。

後日、私はボリソビッチが教えてくれた「停電街」の1つ、高級百貨店「ハロッズ」から徒歩10分ほどのエニスモアガーデンズを夜9時過ぎに訪れた。確かに4～5階建ての複数のマンションの部屋で明かりが付いていたのはわずか数軒だった。緑豊かで素敵な庭園があり、人の気配がなくなったいまも周辺は手入れの行き届いた状態で保存されている。ロンドンは地価高騰により一般の市民が住めなくなり、ロンドン郊外に追いやられている。長時間かけて通勤しなければならない現実を考えて、私も憤りを感じてきた。

イギリスが世界の投資資金をひき付ける理由の1つは同国の緩い法規制にある。日本を含む多くの民主国家は、不動産や事業の受益者を明かすことを義務付けている。これに対して、イギリスは匿名での資産所有を認めており、不正資金の温床になっているという。バージン諸島やケイマン諸島などオフショア金融センターを擁するイギリスには、年に1000億ポンド規模といわれる資金が洗浄されて流れ込んでおり、[2]その資金の出元はロシア人が多く占めると見られている。

法の支配も財産権の保証もないロシアに財産を置くのは危険だ。突然嫌疑を掛けられて捕まり、いつ財産没収の憂き目に遭うかも分からない。不正や汚職で手に入れたカネならば、なおさらいつなん時刺されてもおかしくない。資産を乗っ取るシロビキ勢力やFSBを含めてロシアから資金を逃避させる動きは、プーチン政権が倒れる「政変リスク」を意識している面もある。「帝国の崩壊はあっけない」ということを、ロシア人はソ連崩壊で身をもって学んでいる。

ボリソビッチは私に素っ気なく言う。

「投資への法規制が緩いイギリスは、プーチン体制下で蓄財に励む人々に安全を提供しているのさ。それが国際金融センター、ロンドンの実態だ」

ボリソビッチが率いる反汚職活動グループ「ClampK」は、汚職と犯罪資金のマネーロンダリングへの対策として、不動産所有者などの公開を法律で義務付けて、不正資金を取り締まるよう訴えている。

このツアーの参加前から、ロンドンの不動産を外国人が投資目的で買いあさっているとは聞いていたが、まさかここまでひどいとは――。2時間ほどのツアーを終えると、あまりの衝撃にぐったりした。

ロシアのコインランドリー

モスクワに戻ってから、ロシアの不正資金についての過去の記事を調べてみると、汚職や不正を調査する記者集団、「組織犯罪と汚職の報道プロジェクト」（ＯＣＣＲＰ）の14年の報道が目に入った[3]。ロシアの独立紙ノーバヤ・ガゼータとともに、7万件に及ぶ銀行の取引の内部資料を入手し、２０１０～14年の間にロシアから最低２００億ドルの不正な資金が、欧米などに流入していることを突き止めていた。かつてソ連の構成国だったモルドバやラトビアの法律事務所や金融機関、多くのオフショア企業の取引が絡むこの資金洗浄の仕組みを、ＯＣＣＲＰは「Russian Laundromat（ロシアのコインランドリー）」と名付けていた。

ＯＣＣＲＰが入手したデータを共有したメディアの1つ、英紙ガーディアンは17年になってから、「ロシアのコインランドリー」にはイギリスが深く関係している事実を明らかにしている。[4] 実態のない約2000のイギリス登録の企業が使われ、HSBC、ロイヤル・バンク・オブ・スコットランド(RBS)、バークレーズ銀行など、イギリスの主要な金融機関を通じて、最低でも7億ドルの資金が動いていた。ロシアの新興財閥オリガルヒや銀行家、政府の関係者など、500人もがこの不正に関与していたという。

18年のスクリパリ毒殺未遂事件(第一章)に際し、イギリス首相メイは「ロシア発の犯罪や汚職を遮断する」と宣言した。しかし一方で、イギリスの銀行や不動産業者、高級店がロシアマネーで潤っているという現実がある。イギリス政府は結局、スクリパリ事件への制裁としてロシア外交官23人を国外追放した以外は、プーチンの取り巻きであるオリガルヒらに対する制裁も不正資産への対策も講じていない。

20年7月に公表されたイギリス議会の「インテリジェンス安全保障委員会」の報告書は「イギリスにおけるロシアの影響力はニューノーマル(新常態)になっている」と断じている。[5] プーチン政権に近いオリガルヒなどの不正資金をイギリスが歓迎している実態を指摘し、一部の資金が幅広い分野のイギリスのエリートに影響を与えるために使われ、法律家や会計士、不動産業者らがロシアのためのロビー活動をしていると告発した。公表された文書では実名が削られているが、プーチンにつながるロシア人がイギリスの政党や政治家に献金し、上院議員の何人かはロシアのビジネスに取り込まれているとまで書かれている。

報告書はさらに、EU離脱の是非を巡る16年の国民投票にロシアが干渉した可能性にも踏み込んでいる。

「アメリカの情報機関が大統領選へのロシアの介入疑惑を調査したのとは対照的に、我々は政府機関からロシアが国民投票に干渉したかどうかの評価をいまだに得られていない」

これは調査に動こうとしない政府に対する批判にほかならない。

実はこの報告書は19年に首相官邸に提出されていたが、メイの後を継いだ首相ボリス・ジョンソンは公表を7カ月も差し止めた。19年末に実施された総選挙への影響を恐れたと見られている。アメリカの情報機関が断定したロシアの大統領選への介入をトランプが認めたがらないのと同じように、ジョンソンらブレグジット推進派が多数を占めるイギリス内閣にとって、国民投票へのロシアの干渉は「不都合な真実」ということだろうか。

私はこの報告書を読みながら、第一章で紹介したマリーナ・リトビネンコと18年にスクリパリ事件について交わした会話を思い起こした。06年にロンドンで夫が毒殺され、同地で亡命生活を送っているマリーナは、イギリス政府のロシアへの対応に懐疑的な見方を示し、電話口で怒りを抑えきれない様子で語っていた。

「ここには汚職と不正により手に入れたお金で不動産を買いあさり、子息を留学させ、ショッピングや休暇を楽しむロシア人がたくさんいるわ。汚いカネを受け入れることは、プーチン政権のすべての犯罪を受け入れることと等しいのよ。それを彼ら（イギリス人）は分かっているのかしら」

マリーナはイギリスの欺瞞をとっくに見抜いていたということだ。

2. パナマに透けたからくり

プーチンの「国民との対話」

プーチン周辺のカネの流れの一端が明るみに出たことがある。パナマの法律事務所モサック・フォンセカが作成した機密「パナマ文書」がリークされ、タックスヘイブン（租税回避地）の利用実態が暴かれた時だ。そこには50カ国、約１４０人の政治家や富裕者の名前が取り沙汰されており、プーチンの友人や国営企業の間でも20億ドル規模の不透明な取引が行われていた。文書は国際調査報道ジャーナリスト連合（ＩＣＩＪ）の手に渡り、膨大な取引の詳細を約80カ国の記者たちが分析し、２０１６年4月に一斉に報道した。

そうしたパナマ文書の報道から10日後、プーチンがライブテレビで市民からの質問に答える「国民との対話」に臨んだ。(6) このイベントでプーチンは地方の問題から外交まで約4時間にわたって語り、窮状を訴える地方の住民らをその場で助ける演出も施されたりしている。正直少々うんざりさせられる毎年の恒例行事なのだが、この年はとにかくプーチンがパナマ文書についてどう答えるかという一点に、私は注目していた。

正午過ぎに「対話」が始まると、やはりのっけから「陳情」が相次いだ。

「こんにちは大統領、私はエカテリーナと申します。（シベリアの）オムスク州は道路の問題を抱えています。穴だらけで、そこにはまった車がしょっちゅう故障します。州政府の役人は私たちの訴えを聞いてくれません……」

「それは問題だ。我々は地方の道路建設のための基金を少し前に創設しており、十分な資金が配分されているはずなのだが……。政府と私でこの問題に取り組む。第一に道路の建設基金は目的に沿って間違いなく使われなくてはならない。地方の首長には反対意見もあるようだが……」

そんな感じでプーチンが答え、その30分後に司会者が発表した。

「大統領、緊急のニュースが入ってきました。オムスク州政府高官がたったいま、21の道路を5月1日までに修復すると表明しました」

そして会場が拍手に沸く。

主に地方の問題についてのやり取りが1時間30分ほど続いたところで、やっと待ちかねた質問が出た。

「こんにちはプーチンさん。なぜ西側メディアの中傷に反応しないのですか。有能な弁護団を雇って、オフショアビジネスについて偽情報を流したメディアを訴えたらどうですか」

私は慌てて身を乗り出した。

「奇妙に思えるかもしれないが、彼らはオフショアビジネスについて偽情報は発していない。(パナマ文書の)情報自体は信頼できるものだ。どうやらそれは記者たちではなく、弁護士たちの手でまとめられたようだ」

こう切り出したプーチンはまず最初に、不透明な取引を繰り返す複数のオフショア企業の所有者としてパナマ文書に出てくる自分の親友、セルゲイ・ロルドゥーギンについて弁明してみせた。ロルドゥーギンはチェロ奏者だ。

「ロルドゥーギン氏は(オフショア取引で稼いだ)資金のすべてを楽器の購入に費やした……最後に彼が買った(貴重な)楽器は約1200万ドルだった……楽器はもちろん音楽ファンを喜ばすためのものだ……彼はしかも(自分が購入した)バイオリンの所有権を国に寄贈しようとしている……セルゲイはすでに自分の財産以上の資金を楽器の購入に使っており、いまは負債を抱えてしまっている」

一介のチェロ奏者がなぜ巨額の資金の取引に関与できるのか。誰もが抱いたであろうそんな疑問には一切触れず、ピント外れとしか言いようのない長々とした説明を聞いて私は唖然とした。

そしてプーチンは「一体、誰がこの挑発を仕掛けたのだろうか」と少しドスをきかせ始める。

「我々はアメリカの機関に属する者が絡んでいることを知っている……（パナマ文書を最初に報道した）南ドイツ新聞は、アメリカの投資銀行ゴールドマンサックスの資本の傘下の企業だ。この事実が背後関係を浮かび上がらせている……選挙が近づくにつれ、彼らはもっと仕掛けてくるだろう。しかし、彼らは理解すべきだ。思い通りに操ることも、強制することもできない国（ロシア）を相手にしているということを」

プーチンはやはり最後はアメリカに結びつけて批判を展開した。南ドイツ新聞は調査報道で名高いドイツの高級紙であり、ゴールドマンサックスが出資しているとは聞いたことがない。すぐに調べると、やはり完全な偽情報だった。翌日にすぐ、大統領報道官ドミトリー・ペスコフが誤りを認めて謝罪した。単なる失態か、それとも「アメリカの陰謀」と印象づけるためにわざとやったのか。

オフショア企業の複雑な取引

パナマ文書を巡ってプーチン政権が神経質になっていたことは確かだ。大統領報道官ペスコフはパナマ文書が報道される1週間前、「新たなメディアのでっち上げが近く報道されるだろう」と予防線を張っていた。文書の内容を事前に察知し、対応策を準備していたのだろう。

プーチンはパナマ文書の報道から数日後に緊急の安全保障会議を招集し、ペスコフにこんな発言をさせている。

「文書は主にロシアを標的にしたものだ。プーチン大統領とロシアを不安定化させ、次期選挙（2016年9月の議会選）を混乱させる狙いだ」

パナマ文書の余波は直ちに世界中に広がり、アメリカの同盟国であるイギリスの首相デビッド・キャメロンらも強い批判にさらされた。アイスランドでは資産隠し疑惑に対する抗議デモが広がり、首相が辞任に追い込まれている。「ロシアの不安定化が狙い」という主張はどう見ても説得力を失っていた。

政権統制下にあるロシア主要テレビはそもそもパナマ文書の内容を報じなかったので、文書に記された首脳らが突き上げられた他国とは対照的に、ロシアでは批判の声はほとんど上がらなかった。

にもかかわらず、プーチン政権が神経をとがらせたのは、パナマ文書がプーチン周辺の蓄財の実態に光を当てたからだろう。プーチン自身の名前は出てこないものの、複数の友人が登場する。

プーチンが「国民との対話」で擁護したチェロ奏者ロルドゥーギンは、プーチンに前妻のリュドミラを紹介したといわれ、長女の名付け親でもあり、まさに親友と呼べる存在だ。ロルドゥーギンのほかにも、アメリカ当局が「プーチンを含むロシア政府幹部の個人バンカー」と呼ぶユーリー・コバルチュクや、プーチンの幼なじみの柔道仲間、アルカジー・ローテンベルクらが出てくる。この2人はともに、ロシアのウクライナ領クリミア半島の武力併合に対して、アメリカが発動した制裁のリストに入っている。

こうしたパナマ文書の登場人物たちは、ロシア、キプロス、スイスの金融機関と、英領バージン諸島やパナマに拠点を置くオフショア企業の間で、１００を超える複雑で不自然な金融取引を繰り返していた。ロシア政府系銀行から実体のないオフショア企業に数億ドルが融資されたり、オフショア企業の間で多額の金利を生む数百億ドルの融資権が1ドルで売り渡されたりする。

パナマ文書の分析に加わったＯＣＣＲＰやノーバヤ・ガゼータ紙などの報道によれば[7]、不透明な取引の中心には、「サンダルウッド・コンチネンタル」というイギリス領バージン諸島登録の企業が浮かび上がる。このサンダルウッド社には、プーチンの親友のチェロ奏者ロルドゥーギンと、「プーチンの個人バンカー」コバルチュクらが関与していた。

サンダルウッド社は例えば、10年にコバルチュクが大株主であるロシア銀行の株式を、プーチンの友人のビジネスパートナーから購入し、2日後にキプロスにある別の企業に買値の32倍ですべて売却した。ロシア銀行はその1カ月後にロシア国営天然ガス会社ガスプロムの子会社を買収する。この時にロシア銀行が増資して、ガスプロムに売りつけた自社株の一株当たりの価格は、サンダルウッド社の買値の162倍に上った。

サンダルウッド社はまた、ロシア国営銀行傘下のキプロスの銀行から6億ドルの融資を受け、コバルチュクが出資する会社に投資している。このコバルチュクの会社は、プーチンの次女が結婚式を挙げたサンクトペテルブルク郊外のスキーリゾートを経営している。ちなみに次女の結婚相手は、プーチンのKGB時代の同僚だったニコライ・シャマロフの息子だ。

パナマ文書の中で、サンダルウッド社とともに不透明な取引に何度も絡むロシア銀行は、かねてプーチンとその取り巻きの利権の温床と指摘されてきた。ソ連末期にサンクトペテルブルクで1990年代に設立された同行は、しがない地方銀行だったが、プーチンの大統領就任後にガスプロム子会社などを次々に買収して一気に主要銀行に成長した。同行の株主にはコバルチュクやKGB出身のシャマロフ、チェロ奏者のロルドゥーギンらプーチンの友人が名を連ねる。

パナマ文書とロシアを巡る報道では、ロルドゥーギンは「プーチンの金庫番」ではないかとの見方が目立った。プーチンの個人資産は700億ドルとも、2000億ドルとも見積もられており、[8]「ヨーロッパ一の富豪」の呼び声もある。パナマ文書で明かされたのはプーチン周辺のカネ回りの氷山の一角にすぎないだろう。

17年になってからワシントン・ポスト紙が発信した興味深い記事が目に入った。[9]FSBなどロシアの情報機関の調査報道で知られるロシア人記者、アンドレイ・ソルダトフがインタビューに答え、パナマ文書のリークが16年のアメリカ大統領選にロシアが介入する引き金になったとの見方を示していた。

「(パナマ文書は)自分と友人を標的にしたヒラリー・クリントン周辺による『個人的な攻撃』とプーチンは決めつけていた」

そこで私は、プーチンが「国民との対話」でパナマ文書を最初に入手した南ドイツ新聞とウォール街の投資銀行ゴールドマンサックスを結びつけようとしたことを思い出した。クリントン家はウォール街とパイプが太いことで知られる。プーチンの発言は当初私が考えたように、単に「アメリカの陰謀」を印象づけようとしたのではなく、クリントンを標的にしたものだったのかもしれない。

偽情報の拡散やサイバー攻撃を仕掛けてクリントンをたたき、対抗馬のトランプを支援した大統領選への介入は、カネ回りという急所を突かれたことへの報復だったのだろうか。パナマ文書をきっかけに、私はロシアマネーに関する情報にこれまで以上に注意を払うようになった。

3. マネロン銀行の実態

アメリカ財務省の告発

OCCPRが暴いた巨額の資金洗浄スキーム「Russian Laundromat（ロシアのコインランドリー）」など、銀行の不正への関与が度々取り沙汰されてきたラトビアが2018年2月、新たな金融スキャンダルに揺れた。

アメリカ財務省の情報機関、金融犯罪捜査網（FinCEN）が、ラトビア3位の銀行ABLVを「組織的にマネーロンダリングを行っている」と告発し、同行へのドル資金の供給を禁じると発表したのだ[10]。ロシアやウクライナなど旧ソ連諸国からの不正資金の取引に関わり、北朝鮮の核開発プログラムに関係する個人や団体の資金まで扱っていると糾弾した。

FinCENの発表直後にラトビアを訪問したアメリカ国務省幹部のこんな発言が現地から伝

えられた。

「安全保障上の脅威はいろいろな形を取り得る。汚職もそうだし、金融システムの健全性を弱体化させる行為もそうだ」

アメリカが北朝鮮の制裁破りはもちろん、ヨーロッパで影響力を強めるロシアマネーの封じ込めに動く兆候かもしれない、と私は思った。ラトビアと並ぶロシアの資金洗浄の拠点とされるキプロスの金融機関の調査にも、アメリカ当局が乗り出しているとの情報があったからだ。キプロスでは、ロシアとの共謀疑惑のあるトランプの元選挙対策本部長、ポール・マナフォート被告のカネの流れを捜査していると見られていた。

ラトビアが揺れるさなかに私がモスクワで取材したあるヨーロッパの外交官は「アメリカ当局は欧州中央銀行（ＥＣＢ）やラトビアの金融監視機関の資金洗浄対策の鈍さにしびれをきらして、ＡＢＬＶ告発という強硬策に訴えたのだろう」との見方を示した。

ヨーロッパ当局と各国の資金洗浄対策が緩いことは確かだ。ＡＢＬＶの問題に際しても、ＥＣＢがＡＢＬＶに支払い停止命令を出したのは、同行から預金引き出しが相次ぎ、他行にも波及して金融リスクが広がる懸念が強まる状況に至ってからだ。ＡＢＬＶは後に銀行免許を取り消され、自己清算に向かった。

私はすぐにでも現地で取材したいと思ったが、3月にロシア大統領選を控えていたこともあり、モスクワを離れられる状況にはなかった。1カ月以上経過してから、マネロンの実態を探るべく、ラトビアの首都リガへ向かった。

不正取引が前提の銀行

モスクワから飛行機で2時間ほどのリガは、バルト海に面し、ゴシックやバロック様式の建築物など中世にハンザ同盟として栄えた時代の面影を残す美しい街だ。ラトビアを含むバルト三国（エストニア、ラトビア、リトアニア）は、大国の取引に翻弄（ほんろう）された歴史を持つ。1939年にナチスドイツとソ連が東欧の分割支配を決めた密約によりソ連に併合され、第2次世界大戦終結直前に開かれた米英ソ首脳の「ヤルタ会談」で、40年以上にわたるソ連支配が固まった。91年のソ連崩壊により独立、2004年にそろってEUに加盟して悲願のヨーロッパ回帰を果たす。ユーロ圏にも順次加わっている。

人口200万人足らずのラトビアはバルト三国の中でもロシア系住民が多く、人口の3割を占める。ウクライナなど旧ソ連諸国に「ロシア人を守る」との口実で侵攻したロシアの動きに神経をとがらせており、他のバルト三国とともにEU内で対ロ制裁の強化を訴えてきた強硬派だ。それなのにロシアの不正資金の洗浄に加担するのはなぜなのか——。

私はそんな問題意識で取材の準備を進めた。モスクワから現地の記者らと連絡を取って情報を集め、1泊2日の予定を立てて、元閣僚らからアポを取り付けた。

匿名を条件に取材に応じた元閣僚Ｄは、経済金融政策を担ったことのある人物だ。政治家というよりは、学者のような雰囲気も漂わせている。私はまず、資金洗浄の問題でＤがどんな立場を取っているのか探りを入れようと、アメリカ当局のＡＢＬＶの告発をどう見ているのかから聞いてみた。

「アメリカには理由があるに違いないが、証拠は示されてない。違法な資金の流れを遮断する狙いというよりも、ロシアのエリートや富裕層の西側へのアクセスを封じようとしているのかもしれない。とにかく、ドル資金へのアクセスを禁止すると言われれば我々には反論の余地はない」

なんともすっきりしない答えだ。ラトビアの銀行では過去にも資金洗浄の疑惑が何度も浮上し、複数の銀行が摘発されている。資金洗浄の温床になっているとの批判にどう答えるのか。

「ラトビアは歴史的に東と西の交易を仲介する役割を担ってきた。ロシア人は自国に資産を置きたがらず、少なくともこの30年、西側に資金を逃避させてきたのは事実だ。貿易に麻薬などの密輸が絡むことがあるように、違法なお金も含まれているだろう。しかし、ラトビアを経由する資金がすべて犯罪に絡み、マネーロンダリングに関わっていると決めつけるのは誤解だ。問題はどう取引を管理するかということではないか」

私の事前の調べでは、ラトビアの金融機関における預金の4割は、「非居住者」が占めていた。今回のリガ出張でDの前に取材したある銀行関係者は、政府が金融機関の棲み分けを進めてきたと明かした。すなわち、ラトビア国民の口座はスウェーデンなど北欧の銀行の支店に開設させ、ラトビアの銀行は「非居住者」のプライベートバンキングで稼ぐというものだ。もし、ABLVのように「非居住者」の取引でスキャンダルが発覚し、経営危機に陥ったとしても、自国民への影響は抑えられるためだ。これは資金洗浄の監視よりも、不正な取引があることを前提にリスク管理を優先していることを意味しているのではないか。

そんな疑問をぶつけると、Dは淡々と語った。

「我が国の銀行業界は約1万人の雇用を抱えており、そのうち4000人が外国人顧客の取引で年間4億ユーロのサービス収入を生み出している。つまり、1人当たり10万ユーロも稼いでいるということだ。そんな産業はほかにはない。今回の件はラトビア経済に打撃になる」

すかさず私は「不正資金の洗浄を容認するのか」と問い質した。すると、Dが少し感情をあらわにした。

「私は親ロシアでも親ヨーロッパでもない、親ラトビアの立場から話しているだけだ。ラトビアは東西の橋渡し役で、東からのマネーの終着点はロンドングラード（ロシア語でロンドン市の意味）や、スイスではないか」

ロンドンなどの主要金融機関が、資金洗浄行為を追及されるリスクのあるロシアマネーを直接取引せず、ラトビアに「汚れ仕事」をさせているのは事実だろう。それでも、汚職がラトビアを蝕み、ロシアの影響力の拡大につながっているという懸念はないのだろうか。

「ラトビアは東西の大国に挟まれた小さな国だ。あらゆる方面から圧力がある。この問題（アメリカによる資金洗浄の告発）はロシア

ラトビアの首都リガ。ハンザ同盟の一角として栄え、歴史的にヨーロッパとロシアの交易の中継を担ってきた

と西側の対立に起因している。(ロシアがウクライナ領クリミア半島を武力併合した)14年までは何の問題もなかった。ロシア語を解する国民が多く、ネットワークと長年のノウハウを持つラトビアほどうまくロシアとの取引を管理し、取り締まれる国はない。それとも、アメリカは本気でロシアとの間に再び壁をつくるつもりなのだろうか……」

遠回しな言い方だが、不正資金の流れを容認するDの発言には、歴史的に大国の取引に翻弄されてきた小国の悲哀や憤りのようなものがにじんでいた。アメリカはおそらく他国の金融機関の不正行為も把握しており、見せしめ的にラトビアの銀行を告発したのだろう。アメリカににらまれれば、小国は従うしかない。善悪の判断はともかく、私は少し複雑な思いでDのオフィスを後にした。

公然の秘密

もう1人、リガで私が取材したラトビアの投資銀行の幹部は「ラトビアがマネロンの拠点であることは『公然の秘密』だ」と、開けっ広げに語った。

「金融分野ではロシアなどとのソ連時代のネットワークがずっと生かされてきた。『東のスイス』を標榜(ひょうぼう)したラトビアの金融は、旧ソ連諸国の汚職とともに成長してきたと言ってもよいかもしれない。ロシアにとっては、ラトビアのヨーロッパ統合は好都合だった。資金の西欧への移転が容易になったからだ。違法行為がなくなればそれにこしたことはない。しかし、私は仮にラトビアのマネロン金融を潰しても、ヨーロッパの『穴』はなくならないと思う。ロシアにはいくらでも代わりになる拠点があるんだから」

おそらくこの指摘は正しい。デンマークの大手金融機関ダンスケ銀行のエストニア支店でも不正資金の洗浄問題が発覚している。「ロシアのコインランドリー」などに絡んで、総額2200億ドルの不審な取引が行なわれていた。ソ連時代からのネットワークを通じて、ロシアなどから西欧に流れる不正資金を仲介した構図はラトビアと同じだ。

またドイツ銀行もスキャンダルの渦中にある。ロシアの不正資金を洗浄した疑惑が次々に明るみに出て、17年にはアメリカとイギリスの当局からそれぞれ数億ドルの罰金を迫られた。ロシアの通貨ルーブルで購入した株をすぐに転売して、ドルやユーロを手に入れる「ミラー取引」と呼ばれる方法で、ロシアの資産家たちの資金を欧米に移転していたという。

ロシアに限らない資金洗浄や違法な取引は、摘発されたラトビアの銀行やドイツ銀行だけの問題ではないはずだ。ドイツからは「イギリスやアメリカの金融支配のために、両国の当局はドイツ銀行を狙い撃ちにしている」との恨み節も聞こえてくる。

この原稿を書いているさなかの20年9月には、パナマ文書並みの金融情報がリークされた。アメリカ財務省のFinCENに各金融機関が報告した「疑わしい取引」に関する内部文書だ。

1999年から2017年の間に、資金洗浄や違法行為の可能性がある取引は2兆ドル規模に上ったという。

「FinCENファイル」と呼ばれるこの2500に上る報告書は、国際調査報道ジャーナリスト連合（ICIJ）の手に渡り、パナマ文書のように100超の世界の報道機関で分析された。これに参加したBBCは早速、欧米の制裁により金融サービスの利用が禁じられているプーチンの柔道仲間アルカジー・ローテンベルクが、イギリスの主要銀行の口座を使って制裁を回避していたことなどを報じた[11]。ファイルの報道を受け、イギリスの主要銀行株は売りを浴びせられた。

ロシアの不正資金がどこまで欧米を侵食しているのかは計り知れない。度重なる金融リークや告発は、金融機関の自浄や各国の監督当局のてこ入れにつながっていくのか。プーチンが冷笑的に見ていることは間違いない。

4. 投資家の闘い

米ロ首脳会談で名指しされた男

2018年7月15日、フランスが優勝を決めたサッカーW杯ロシア大会の決勝の翌日、世界の視線がフィンランドの首都ヘルシンキに注がれた。そこでは米ロ首脳会談が開かれていたのだ。

共同記者会見場は、世界から集った記者で埋まっていた。当事国である米ロの記者団に押し出され、仕方なく私は、会見場の2階席で両首脳の様子を追っていた。トランプとプーチンが現れると、場内の熱気が高まったのが伝わってきた。

18年、ヘルシンキで開かれた米ロ首脳会談の記者会見。質問は16年のアメリカ大統領選へのロシアの介入問題に集中した

対テロやシリア内戦を巡る協力の必要性を強調して関係修復を演出する両首脳に対し、記者団の質問は16年アメリカ大統領選へのロシアの介入問題に集中した[12]。

プーチンは、いつも通り表情を変えずに否認した。

「ロシアは選挙を含むアメリカの内政に干渉していないし、これからもすることはない」

トランプもこれを支持するかのような発言を繰り返した。たまらずアメリカ人記者がトランプに問い質した。

「すべてのアメリカの政府機関は、ロシアが介入したと結論付けています。あなたは誰を信じるのですか」

するとトランプは驚くことにこう言い放った。

「アメリカの情報機関を信頼しているが、プーチン大統領はきょう、極めて強く、強力に（介入を）否定してくれた」

大統領が自国の情報機関よりも、プーチンに肩入れしたのだ。記者団が色めきたっているのが分かった。2階席にいたこともあって、私は少し客観的に見ていた。

「2人はこの会談で介入問題にけりをつけて、米ロ関係を正常化するつもりだ。しかし、いまのは失言だろう……」

果たして国際メディアの報道はトランプ批判一色に染まり、2人の思惑通りにはいかなかった。私はワシントンの特派員と共同でこんな見だしの記事を書いた。

「米ロ接近　不安増す世界　トランプ流、ロシア利す」

この会見を通じて、私は何よりもプーチンがある人物の名を挙げたことに強い関心を持った。

アメリカ当局が大統領選への介入容疑で起訴した12人の（ロシア在住の）ＧＲＵ工作員をロシア側で尋問し、アメリカの検察官を同席させても構わないと、プーチンが発言した時だ。

「もちろん（見返りに）ロシアでの違法行為が疑われるアメリカ人の尋問にも、ロシア検察を同席させてもらえると期待している。つまり（ビル）ブラウダー氏のエルミタージュ・キャピタル社の事件のことだ。我々の捜査官によれば、ブラウダー氏のビジネスパートナーたちは、ロシアで違法に15億ドル稼ぎ、脱税した資金をアメリカに送金している」

名指しされたビル・ブラウダーというのは、かつてロシアで有数の投資会社だったエルミタージュ・キャピタル・マネージメント社の創業者だ。

闘う資本家

私はヘルシンキの米ロ首脳会談の少し前に、彼の著書「Red Notice: How I became Putin's No.1 Enemy（国際指名手配：私はいかにプーチンのナンバーワンの敵になったか）」を読み終えたばかりだった[13]。１９９０年代にモスクワに乗り込み、不正と腐敗がはびこる権力と対決するブラウダー自身の物語だ。その本などからひろうと、彼はこんな経歴の持ち主だ。

アメリカ生まれのイギリス人で、アメリカ共産党の書記長を務めた祖父を持つ変わり種のブラウダーは、「ロシアで最大の資本家になる」という夢を抱いて１９９０年代にモスクワでエルミタージュ社を立ち上げる。投資する企業を徹底的に調査し、株主の権利を訴えて財閥オリガルヒの不正行為を暴いていく。2000年に就任したプーチンも、政治に影響力を振るうエリツィン前政権時代のオリガルヒの排除に動いたため、途中までは2人の利益は一致していた。ところがプーチン周辺で新しいオリガルヒが誕生し始めると、風向きが変わる。05年にブラウダーは国外に追放され、エルミタージュ社は脱税容疑により、ロシア当局から弾圧を受けるようになる。

ブラウダーの部下だったロシア人の法律専門家、セルゲイ・マグニツキーは08年、エルミタージュ社から支払われた税金約2億3000万ドルを政府高官らが着服したことを突き止めて告発した。しかしその途端に、脱税や詐欺の容疑を掛けられて捕まってしまう。裁判なしで1年近く収監され続けた末に、マグニツキーは09年11月、獄中で37歳の若さで亡くなった。拷問され、必要な医療を受けられぬまま死亡した疑いが濃厚だ。ブラウダーはマグニツキーの正義を実現するために、彼を死に追いやった内務省や税務当局者らの人権侵害と不正に対する制裁を求めて奔走する——。

私が初めてブラウダーの名を耳にしたのは最初のモスクワ赴任中の06年、記者会見でイギリス人記者が、ブラウダーの国外追放についてプーチンに質問した時だった。マグニツキーの事件の際はモスクワを離れており、実はそれほど関心を払っていなかった。

プーチンにここまで目を付けられるブラウダーは実際にどんな人物なのか。著書が面白かったこともあり、私は是非会って話を聞きたいと思った。東京帰任前の19年1月、モスクワからロンドンへの最後の出張に合わせてエルミタージュ社の広報担当者に取材を申し込むと、すぐにOKの返事が来た。

ロンドンのエルミタージュ社のオフィスで迎えてくれたブラウダーは、本のイメージのままの快活な男だった。声が大きく、相手を説き伏せるかのような迫力がある。時に4文字言葉（FUCK）を交えてあけすけに話す。無駄話は排し、本質にぐっと切り込んでくるようなところがある。

「ヘルシンキでの米ロ首脳会談で、私はとにかくプーチンがあなたを名指ししたことが一番印象に残っています。あなたはどんな気分でしたか」

そう質問すると、ブラウダーの顔に不敵な笑みが浮かんだ。

「私の取り組みがうまくいっているということだ。私に脱税の嫌疑を掛けるのはまだしも、ロシアの検察当局は、私がマグニツキーを殺害したとまで言い始めた。プーチンは明らかに私の活動を恐れているのだ」

ブラウダーの働きかけが実を結び、アメリカでは12年にマグニツキーを死に追いやったロシアの内務省や警察、税務当局の高官らの資産を凍結して入国を禁止する「マグニツキー法」が成立した。この法律は16年、対象を広げて人権侵害や汚職に手を染める個人や組織に制裁を発動する「グローバル・マグニツキー法」に発展し、これまでにプーチンの側近らも資金凍結などの制裁を受けた。イギリスやカナダ、バルト三国も同様の法律を導入した。ブラウダーは他国にも同調を呼びかけており、「ロシア包囲網」を築く考えだという。

プーチンに目を付けられ、危険を承知で活動を続けるブラウダーは、マグニツキーの獄死が人生を変えたと話す。

「私は投資はやめ、フルタイムの人権活動家になった。セルゲイの死が私の人生を一変させた。彼は私の身代わりに殺されたんだ。責任と罪の意識、そして怒りもある。彼に代わって不正を追及することが私の責務なのだ」

特に感情的になるわけでなく、他の質問への答えと同じ調子で語った。私は正直、少し物足りなさを感じた。

ヘルシンキでの米ロ首脳会談の直後、ロシア検察当局はブラウダーの「違法行為」に関係するアメリカ人の名前を発表し、アメリカ当局に尋問するよう求めている。オバマ政権下で対ロ政策を担った元駐ロ大使マイケル・マクフォール、世界で自由を擁護するアメリカの非政府組織（NGO）フリーダム・ハウスの所長だったデビッド・クレイマー、米下院の委員会スタッフ、カイル・パーカーらで、いずれもアメリカのマグニツキー法の成立に深く関わった人物だ[14]。プーチン政権がいかに資金に制約を課す同法を忌み嫌っているかがうかがえる。

プーチンのアキレス腱

ブラウダーは「プーチンのアキレス腱はカネなのだ」と言い切る。

「プーチンや取り巻きのカネは無数の銀行口座や不動産、主要企業の株式の形で欧米で保有されている。このカネを危険にさらすことがロシアの『悪意に満ちた行動』を抑え込むのに最も効果的なのだ。ロシアの資産を支配するのはプーチンの取り巻き、ざっと1000人だ。ここを狙えば、一般市民には打撃を与えずにすむ」

ブラウダーは、16年のアメリカ大統領選でロシアと共謀が疑われるトランプ周辺、イタリアやフランスのポピュリズム指導者の名を挙げ、ロシアの「黒いカネ」による欧米エリートの取り込み工作にも強い懸念を示した。プーチン政権と新興財閥オリガルヒが一体となってヨーロッパの政党や政治家を買収しているという認識は私と同じだ。

「ヨーロッパにとってロシアの脅威は、軍事力でもエネルギーの供給源を握っていることでもない。ソ連は共産主義を輸出したが、いまのロシアは犯罪（汚職）を輸出しているのだ。特にロンドンは『黒いカネ』に汚染されてしまっている。ブレグジット（イギリスのEU離脱）の結果、ロシアマネーの侵食が一段と進むのではないかと心配だ。我々はロシアを変えることはできないが、西側を守ることはできるはずだ。それにはプーチンの急所であるカネに圧力を加え、ロシアを国内に封じ込めるしかない」

「急所」を突かれたプーチン政権はこれまでに何度も、インターポール（国際刑事警察機構）に対して、ブラウダーの国際指名手配（レッド・ノーティス）を要請し、いずれも却下されている。18年にはインターポール総裁としてロシア内務省幹部を送り込もうと画策したが、総会の投票で結局、韓国の候補に敗れた。ロシアの動きを察知したブラウダーらが記者会見を開くなどして反対キャンペーンを展開し、各国に阻止を働きかけたことも功を奏したという。

終始、自信たっぷりに、時に興奮した様子でロシア封じ込め策を語るブラウダーはどれほど危険を感じているのか。イギリスではこれまでにロシアから亡命した元スパイのリトビネンコやスクリパリら、プーチンの「政敵」や「裏切り者」が殺害されたり、襲撃されたりしている。

「安全なわけないじゃないか。次は私かもしれない。イギリス政府はスクリパリの事件後、ロシア外交官を追放したほかは何も手を打っていない。殺人にお咎めがないなら何度でも繰り返すだろう。だから、私は封じ込め戦略を訴えているのだ」

ブラウダーは私がこれまで取材してきたロシア人の反プーチン活動家とは大きく異なる。

ロシアの自由や民主化を口にすることはなく、「ロシアを変えることはできない」と言い切る。危険を知りながら突き進む動機はあくまでマグニツキーの弔い合戦なのか。何となく腑に落ちず、私は取材の最後にもう一度、動機を尋ねた。

ブラウダーは「(マグニツキーの死に対する）罪悪感、責任、そして怒り」と先ほどとほぼ同じ言葉を繰り返したうえで、「(何かをなし遂げるという）刺激もある」と付け加えた。

モスクワ時代の不正と汚職との対決を描いた自身の著書をブラウダーは「冒険物語」と形容した。プーチンとの現在の対決はブラウダーにとって、冒険の続きなのだろうか。

動機はともかく、ブラウダーの考え方は的を射ている。ウクライナなど主権国家への侵略、政敵や「裏切り者」の暗殺や襲撃事件、各国の政治への介入工作が繰り返されるのは、西側の対抗策があまく、結局は「悪意に満ちた行動」を容認してしまっているからだ。その底流にはロシアの不正資金が欧米に向かっている事実がある。プーチンがつけ込むのは「黒いカネ」を受け入れる西側の倫理の欠如にほかならない。

第四章　デマ拡散部隊の暗躍

1．ネット工作のトロール工場

情報工作への窓

18世紀に帝政ロシアのピョートル大帝が「ヨーロッパへの窓」として開いた旧都サンクトペテルブルクは、見所の多い華やかな街だ。エルミタージュ美術館やイサアク大聖堂、血の上の救世主教会……。そんな観光名所が集まる中心部を後に、私が何度も足を運んだのは「情報工作への窓」ともいえる場所だった。北へタクシーで30分ほど走ると、低層の住宅が建ち並ぶサブシュキナ通りに着く。その55番地に4階建てのビルを見つけた。

一見、コミュニティセンターのようなビルの入り口には「ビジネスセンター」とだけ書かれた小さな看板があり、カーテンはすべて閉め切られている。午前9時前、パーカー姿にデイパックを背負った予備校生のようないでたちの若者らが続々とビルに入っていく。「こんにちは」と話しかけても大半は無視する。立ち止まってくれた人も「日本の記者です」と名乗ると、逃げるように立ち去った。

仕方なく私は、恐る恐るビルの中に入った。受付はなく、IDカードを認識するセキュリティーシステムが設置され、両脇に強面(こわもて)の警備員2人が立っていた。

「日本の記者です。こちらは何の会社ですか」

警備員にそう業種を尋ねると、こちらを一瞥して面倒そうに短く答えた。

「革製品の会社だ」

「そうは見えないのですが」

と突っ込むと、

「PR会社だ」

と変わった。

「PR会社ですか。社長にインタビューしたい」

と求めると、モスクワにいるという。しつこく連絡先を聞くと、ついに怒声が響いた。

「トップは大統領だ！」

ここは1日24時間365日、ネット上で世論工作をする「会社」だ。ネットスラングで「トロール（荒し）」と呼ばれる数百人の工作員が身分を偽って国内外のメディアのサイトにコメ

サンクトペテルブルクの住宅街にたたずむIRAの拠点。一見コミュニティーセンターのようだが、中では数百人のトロールが日夜、情報工作を仕掛けていた

ントを投稿、事実とは異なるフェイクニュースのサイトを運営し、フェイスブックやツイッター、ロシア版のフェイスブック「ＶＫ」などソーシャルメディア（ＳＮＳ）に偽情報を拡散する。架空の人物になりすましてブログを展開する部隊や、政治風刺画を手掛けるデザイン部、映像制作部もあった。

私がＩＲＡ（インターネット・リサーチ・エージェンシー）の取材を始めたのは16年春だった。ＩＲＡは後に16年11月のアメリカ大統領選挙への介入で、一躍有名になった組織だ。情報操作の実態をサンクトペテルブルクの地元メディアに告発した人物らをたどり、私は同年の5月から7月にかけて元トロール３人から証言を得た。

最初に接触したのはリュドミラという30代半ばの一児の母だった。彼女は現地紙にＩＲＡの情報を持ち込み、ニューヨーク・タイムズなどの取材にも答えていた。[1] ソーシャルメディアにメッセージを送って取材を打診し、サンクトペテルブルクのカフェで話を聞くことになった。

リュドミラは15年に約2カ月、ブログを作成する部署にいた。当初はウクライナの親欧米政権に批判的なウクライナ人男性の役割を与えられ、後に女性占師を装うことも指示された。

「占いの話題の間にこんな内容をはさむの。『昨晩、ウクライナが破滅する夢を見た』とかね。1人で三役をこなしているトロールもいたわ」

月給は4万ルーブル（約7万6000円）程度で、ブログのアクセス数が増えると、ボーナスが支給された。

ブログでは美女を装う手法が多用されていたという。フィットネスコーチなどを装い、ネットから盗用した美女の写真を掲載して関心を引き、たわいのない話に政治的なコメントを混ぜるのだ。

「この手法は〝ビキニ・トロール〟と呼ばれていたわ。例えばこんな書き込みがあった。『怖い映画がある。みんな死んでしまうの。アメリカも滅んだ。あの国はどのみち滅ぶ運命だけどね』。経験豊富なトロールの書き込みはプロパガンダとは感じさせない、本当に巧妙なものだった」

リュドミラはロシアの野党指導者ボリス・ネムツォフが、15年2月にモスクワで暗殺された翌日のＩＲＡ内の様子が忘れられないと話した。

「私はもちろんショックを受けていたし、私の周りの何人かも落ち込んでいたのよ。監督官がそれに気づいて、全員にネムツォフのことについて書き込むよう命令してきた。それまで私の隣で悲しんでいた女性はさっとコンピューターに向き直って、『ネムツォフはロシア政府の評判を落とすために暗殺されたと自ら演出した』と書き込んでいた。言葉を失ったわ」

タウン誌で記者をしたことがあるというリュドミラは「トロールをしていたのではなく、最初からプロパガンダ工作を暴いてやるつもりでトロール工場に潜入した」と話す。地元紙などでIRAを告発したことで嫌がらせを受け、「ずっと殺されるに違いないと思って怯えていた」ともらした。私の取材にも、どこか警戒を解いていない感じだった。

マラトと名乗る41歳の男性は失業中に知り合いの紹介でIRAの面接を受け、月給4万ルーブルほどで14年末から数カ月働いた。配属されたのはロシア各地のメディアのサイトにコメントを書き込む部署だった。

「毎朝、カバーすべきトピックが与えられ、〝我々の視点〟を書くよう指示されます。30〜40のIDを使い分けて、1日200のコメントを投稿することをノルマとして課されていたので、毎日午前9時から午後9時まで、ひたすら書き込みを続けていました」

大半はアメリカ大統領バラク・オバマやドイツ首相アンゲラ・メルケルの批判や、ウクライナの親欧米政権をおとしめる内容だった。ロシアは14年、ウクライナで親ロ派政権が倒れたことを機に同国に侵攻、クリミア半島を武力併合し、同国東部にも軍事介入した。ロシアに経済制裁を発動した欧米に対し、プーチン政権は敵意をあらわにし、対立が深まっていた。

「部署には3人の監督官がいて、投稿内容をすべてチェックしていました。『アメリカは悪の帝国だ』とか書いていました。もちろん、違和感はありましたし、プロパガンダに手を貸していることにも気づいていました。しかし、家賃も払えない状況だったので、次の仕事が見つかるまで、と自分に言い聞かせてカネのためにやっていました」

ヨーロッパで数年暮らしたことがあると話すマラトは政治への意識が高く、11～12年にモスクワやサンクトペテルブルクなどで盛り上がった反プーチン運動にも参加していた。それだけに政治にまったく無関心な周りの若者にいら立ちを覚えていた。

「月に1回、社内で政治知識についてテストが行われていました。『欧州連合（ＥＵ）とは何か』『ロシアの友好国はどこか』といった基本的な問題でしたが、若者の多くはほとんど答えられませんでした。彼らは自分が何を書いているのか分からないまま、指示された内容をネットに垂れ流していたのです」

年長だったこともあり、マラトはほとんど周りと話すことはなかった。ホテルの仕事が見つかり、ＩＲＡから最後の給与を受け取ると、そのまま出社するのを止めた。

「私は楽観的ですよ」

とマラトは取材の最後に語った。

「こんなプロパガンダがいつまでも通用するはずがない。ロシアの景気も悪くなっているし、人々はある日、突然気づくのでしょう。すべてウソっぱちだったとね。その時、ソ連のように体制は破局を迎えるでしょう」

ネットメディアの編集経験があった25歳の男性ビタリーは、普通のメディアと思い込んで広告に掲載されたIRAのエディター職に応募し、ニュースサイトの編集職に就いた。月給4万5000ルーブルと、ほかのメディアの2倍だったという。

ビタリーは見かけはパンク風で、まぶたにピアスをしていたが、至って真面目な印象を受けた。

「最初に任されたのはウクライナのニュースサイトの立ち上げでした。『ウクライナに住むロシア人のためのメディアだ』と説明されました」

別のメディアからウクライナに関連するニュースを選び、毎日20本程度書き直してサイトに載せる。特に指示はなく、中立的に記事を流した。

「他社の記事を書きかえて掲載するという仕事に対して、少し疑問もわきました。でも『何かの実験か』とも思いました」

普通のメディアではないことはほどなく分かった。アクセス数の稼ぎ頭だった「Nahnews」はウクライナのメディアを装っており、一方的なロシアの主張に沿った記事を発信していたからだ。ロシア国内向けの「ナショナルニュース」はプーチンを礼賛し、欧米を敵視する記事で溢（あふ）れていた。

新しいサイトが頻繁に立ち上げられており、反応をうかがいながら記事のトーンを変え、アクセス数が伸びなければ廃止されているようだった。

「フェイクニュースづくりに直接手を染めることが怖くなり、上司に職種の変更を求めました。すると、フェイスブックなどソーシャルメディアに記事を発信し、サイトを売り込む業務に異動になったのです」

同僚の大半はカネ稼ぎと割り切っており、でっち上げを気にしないものが多かった。一部は「我々は情報戦争を担っている」と語り、積極的にプロパガンダに参加しているものもいた。

ビタリーは3カ月半働いて、「罪悪感にさいなまれて、やめました」と語った。

「辞職を申し出た時の上司の言葉がいまも頭に焼き付いています。彼女は『こちらはクレムリンのカネで働き、向こう側はアメリカのカネで働いているだけの話よ』と言ったのです」

〝人工芝〟を植える

3人の話を総合すると、ビル内は多くの部屋に分かれ、一部屋に10～20人のトロールがいて、12時間のシフト制でコンピューターに向かう。1階はビタリーが属した偽サイトの運営、

2階はソーシャルメディアに偽ニュースを拡散する部署とデザイン部、マラトがいたメディアへのコメント書き込み部隊は3階、4階にはリュドミラのブログ部、そしてカフェテリアもあった。

給料日には経理部の部屋の前に従業員が列をなし、札束が詰まった紙袋から取り出される現金を手渡される。税金も年金などの社会保障費も一切徴収されない。遅刻したり、ネットに誤った論調を書き込んだりすると厳しい罰金が科される。逆に休日に出勤したり、アクセス数を伸ばしたりすれば、ボーナスが支給された。

地元メディアによると、トロール工場は13年にサンクトペテルブルク郊外オルギノに創設され、14年にサブシュキナ通りに移った。11〜12年に広がった反プーチンデモが契機になったと見られている。デモの中核を担った若者は政権のプロパガンダを流すテレビではなく、ネット上で情報を得ており、ソーシャルメディアでつながっていた。こうした情報環境の変化に素早く対応し、ネット世論の統制に乗り出した構図が浮かぶ。

私の取材に応(こた)えた元トロール3人の仕事はロシア語での情報工作だったが、英語やウクライナ語など外国語で発信する部隊があったと彼らはそれぞれ指摘した。マラトの部署にはニューヨーク・タイムズ紙やCNNのサイトにコメントを書き込む「英語部」があり、ロシア語部門よりも給与が1万~2万ルーブル高かった。

　ＩＲＡを告発した後も数人のトロールと接触を続けていると語るリュドミラはこんな話を明かしてくれた。

「証拠はないけど、アメリカやフィリピンにいるトロールに『経理部』が送金していると話していた男性がいた」

　元トロールの取材と並行してネット上で関連情報を調べると、ＩＲＡのこんな求人広告も見つかった。

インターネットオペレーター（夜間シフト）給与：4万から5万ルーブル
仕事内容：ニュース、情報、分析記事の作文／ウェブサイトへのニュースの配信／リライティング
必要な能力：ネット関連の仕事の経験／英語能力／ロシア語／自己管理能力、積極性、想像力
特典：大きく安定した会社での仕事　夜9時から朝9時　週末パートタイムも可（給与3万ルーブル＋ボーナス）

私は3人への取材の後、英語で発信するトロールへの接触を探ったが、なかなか糸口がつかめなかった。独立系ロシアメディアも対外工作に言及しながら、17年まで実際にIRAの英語部門にいたトロールの証言は取れていなかった。[2] 私はモスクワ支局にいた若くて英語が堪能(たんのう)な助手を、IRAに潜入取材をさせることまで半ば本気で考えた。本人は乗り気だったが、やはりそんな危険な橋は渡らせられない、と思い直した。

この間の周辺取材で強く印象に残った発言がある。モスクワで接触した元KGB（ソ連国家保安委員会）職員がIRAの活動についてこんなことを語ったのだ。

「もちろんクレムリンはいまもむかしも草の根運動の破壊力を認識しているさ。ラジオなんかでプロパガンダを展開していたソ連時代と比べ、いまはインターネットを通じて欧米市民に直接働きかけることができる。それ（ネット上の情報工作）は各国社会に（不安の種となる）〝人工芝〟を植える作業なのだよ」

16年11月の大統領選でトランプが勝利してから1年近く経過してから徐々に明るみに出たIRAの対外工作の実態は、私の想像をはるかに超えていた。

2. プーチンの料理長

トロール工場の黒幕

ロシアの大統領選への介入を捜査したアメリカのロバート・モラー特別検察官が18年2月、ＩＲＡに関与したロシア人13人を起訴した。起訴状にはＩＲＡの活動が詳述され、「アメリカ政治システムに不和の種をまく」狙いが指摘された[3]。

起訴状によると、14年にＩＲＡ内に「翻訳プロジェクト」が組織され、16年7月時点でその部隊の規模は80人に上った。アメリカの政治と大統領選に影響を及ぼすことに照準を合わせ、アメリカ国民を装って政治社会問題をあおる内容をソーシャルメディアに投稿したり、アメリカ国内の活動家らに直接接触して人種問題を巡る集会を組織したりしていた。大統領選では、民主党のヒラリー・クリントンを攻撃し、彼女と民主党候補を争ったバーニー・サンダースや、共和党候補トランプを支援し、ソーシャルメディアへの政治広告も展開していた。

ソーシャル・ネットワーキング・サービス各社の当時の調査によれば、ＩＲＡは15―16年に少なくともフェイスブックに１２０のアカウントを使って8万回投稿し、１億２６００万人が閲覧した。ツイッターでは、16年11月の大統領選までの3カ月間に2752アカウントが利用され、13万回投稿されていた。

アメリカ当局はIRAの首謀者として、ロシア人実業家エフゲニー・プリゴジンを挙げ、一時、月125万ドルを投じていたと指摘した。一体この人物は何者なのだろうか。

プリゴジンの名はIRAに出資する黒幕として、サンクトペテルブルクの独立系メディアで早くから取り沙汰されていた。プリゴジンは17年、ロシアの検索サイトに対し、自分について触れた過去の記事を削除するよう裁判を起こしたこともある。

アメリカ当局はプーチン政権が情報工作を指示したかどうかには触れていないが、プリゴジンが政権に近いことは確かだ。「プーチンの料理長」の異名がある。

メドゥーサなど独立系ロシア語メディアの報道によれば[4]、プリゴジンはこんな経歴の持ち主だ。1961年生まれ。ソ連時代に窃盗罪などにより、9年間服役した。ソ連崩壊前後の混乱期にホットドッグ販売から身を立て、サンクトペテルブルクに高級レストラン「ニューアイランド」を開店する。

プーチンが01年、フランス大統領ジャック・シラクとの会食にニューアイランドを利用したことを機に、クレムリンとの関係を深めたと見られている。プーチンは02年、アメリカ大統領ジョージ・ブッシュとの晩餐会もここで行い、その翌年の自分の誕生日にもそこで食事をした。プリゴジンはそれ以後、サンクトペテルブルクやモスクワの学校給食を手掛け、国防省絡みの利権も握って兵士への配食事業などを受注し、富を築いていく。

プリゴジンはロシアメディアの取材にもほとんど応えていないが、アメリカ当局に起訴された直後には、国営ロシア通信にコメントを残している。

「アメリカ人というのは本当に感受性が強い人々だね。彼らは自分が見たいと思うものを見るのさ。彼らのことはとても尊敬している。起訴されたことは全然怒っちゃいない。悪魔が見たいというなら、見させてあげればいいさ」

プリゴジンはもう1つの顔を持つ。ロシアが14年に侵攻したウクライナに非正規の部隊を派遣し、シリア内戦でもロシアが軍事支援するアサド政権に加勢する民間軍事会社「ワグネル」にも関与している。

IRA関係者がアメリカ当局に起訴される直前の18年2月初旬、アサドの部隊がシリア東部の米軍拠点を攻撃し、反撃に遭った事件でその一端が明らかになった。大勢のロシア人が死亡したとの報道が流れ、ロシア外務省情報局長マリア・ザハロワはロシア軍の関与は否定しながら、「ロシア市民5人が犠牲になった可能性がある」とした。なぜロシア市民が現地にいたのか。

ワシントン・ポスト紙によれば、米軍は事件前にプリゴジンがアサド政権幹部とかわした会話を傍受していた[5]。ワグネルが主体となって、米軍を急襲する作戦が示唆されており、プリゴジンはロシアの「閣僚」から承認を得たと話したという。

ワグネルは対アフリカ外交をてこ入れするプーチン政権の政策に沿って、アフリカ大陸にも進出している。例えば、内戦が続く中央アフリカ。同国政府を軍事的に支援することで国連安全保障理事会から合意を取り付けたプーチン政権は、ワグネルの部隊を送り込んだと見られている。大統領警護を含む安全保障の見返りとして、ワグネルはダイヤモンドや金鉱山の権益を手に入れているとの情報がある。同じく内戦状態のリビアなど各地でワグネルが暗躍しており、米財務省は20年、スーダンでの「破壊活動」に対し、プリゴジン周辺の企業と個人に制裁を発動した。

ワグネルの部隊にはロシア軍の情報機関GRUの出身者が多く、ウクライナ東部の親ロシア武装集団の軍事支援でもGRUと連携したとされる。

情報工作から軍事まで手掛ける「料理長」の暗躍は、政府の関与を否定しながら、財閥オリガルヒや犯罪組織を活用するプーチン政権の裏工作の典型といえる。

狙われたフィンランド記者

ロシアのトロール部隊は個人にも襲いかかる。それを身をもって体験した女性記者がフィンランドにいる。2015年に西側メディアの中でいち早くIRAについて報道し、トロールの脅威を発信し続けているフィンランドの公共放送YLEのイェシカ・アロだ。彼女のことはBBCなどが取り上げており、私も彼女に関心を持った。メールを送って何度か交信し、19年1月に別件の取材で訪問したサンクトペテルブルクからヘルシンキに直接話を聞きに行った。

鉄道でサンクトペテルブルクから約4時間、国境を越えてヘルシンキ中央駅に到着すると、金髪で長身の北欧女性のイメージそのままのアロが笑顔で迎えてくれた。

ロシアと1300キロの国境を接するフィンランドは、歴史的に東西勢力争いの前線として繰り返し戦場となり、米ソ冷戦中もソ連が強い影響力を及ぼした。東方の大国との関係をにらみ、フィンランドは1995年に欧州連合（EU）に加盟した後も、中立性を保つために、アメリカ主導の軍事同盟組織NATOには加盟していない。7万人のロシア語系住民を抱えていることもあり、ロシアのプロパガンダに対する警戒意識は高い。

アロがロシアのネット情報工作の取材を始めた動機もそうだった。

「ロシアのウクライナ侵攻を取材していた14年、ネット上に溢れかえる偽情報を目にして、私自身、現地で何が本当に起きているのか見えなくなったのよ。ヘルシンキからそれほど遠くないサンクトペテルブルクにトロール工場があることも（ロシアメディアを通じて）知っていた。フィンランドはロシア系の住民も多いし、世論操作が自分の国の市民にも影響しているのではないかと気になって調査を始めたの」

まず、SNSで市民から情報を集め、ネット世論操作に警戒を促す記事を14年9月にフィンランド語、ロシア語、英語で発信した。例えばウクライナでの戦争について、何が真実で何がウソか分からないという意見が寄せられる一方、フェイクニュースを信じて自らSNSで拡散しているものもいた。ネット上で炎上することを恐れ、ロシアについての意見を投稿するのを止めたという声もあったという。

アロは15年2月にサンクトペテルブルクのIRAの現地取材にも乗り出し、その模様をフィンランド語と英語で報じている。(6) この報道は欧米メディアに取り上げられ、IRAの存在が認識されていくきっかけとなった。私もIRAの取材に着手する前に、ユーチューブに投稿されていたこの映像を見ていた。

サブシュキナ通りのビルの入り口で警備員に追い払われたり、求職を装ってIRAに問い合わせの電話を掛けて、IRAが英語で発信していることを突き止めたりしている場面がある。夜9時に仕事を終えて出てきたトロールに突撃取材し、「話してはいけないと言われているから」と、口を閉ざす若者らの姿も捉(とら)えた。

サンクトペテルブルクで私が取材したIRAの元工作員、マラトはアロの取材班が現れた時のIRA内の混乱ぶりについて語っていた。

「『フィンランドのテレビ局が外にいる。休憩時間も外に出るな』と御触れが出たことがあります。『一体どこから嗅ぎつけたのか』と監督官はいら立っていて、喫煙者は外にたばこを吸いにいけなくなったと憤っていましたよ」

アロへの個人攻撃は、14年9月にフィンランド国内での取材をまとめた最初の記事を発信した直後から始まった。

「記事を出して3～5日後にロシア語で『アロはNATOの工作員だ』『フィンランドに住むプーチン大統領を支持するロシア人のデータベースをつくり、差別しようとしている』と流布されたの。すぐに同じ内容がフィンランド語でも流れていたわ。私の住所、電話番号、メールアドレスまで個人情報が公開されて、いろんなところから嫌がらせの電話やメールが来た。ウクライナの発信番号が表示された電話を取ると、電話口から銃声が鳴り響いたこともあった。ネットの世界では偽情報も国境を超えて駆け巡るということを辛い形で思い知らされたわ」

問題意識を強めたアロは15年5月、トロールの手法と典型的な偽情報、ロシアのプロパガンダの拡散ルートとフィンランド語のサイトを含むフェイクメディアを名指しした記事を発表した。すると、攻撃は激しさを増した。

「アロは脳障害を持つパラノイア」
「薬物取引に関わっている」

10年前に薬物の使用により罰金を科された裁判所の記録や健康に関する情報まで暴露された。薬物中毒者のように合成された写真や旅行先で踊っている写真も出回っていた。ストーカーのように追い回し、個人情報を調べ上げていることにぞっとしたと、アロは話す。

「20年前に亡くなった父親を名乗るメッセージも来たわ。『20年ぶりだね。私はおまえのことを見ている』と書かれていた。父の名前も彼が20年前に亡くなったことも知っていたのよ。母と妹もかなりショックを受けていたわ」

こうした中傷はフィンランド発が目立つようになっていた。反移民を前面に押し出してプーチン政権を称賛し、ロシア国営メディアをそのままフィンランド語に転電しているネットメディア **MV-Lehti** など、アロが記事を書いて批判したサイトが報復に出たのだ。フィンランドの親ロシアの活動家やブロガーらもアロへの攻撃をあおり、その内容はエスカレートした。

アロはとりわけ友人のフェイスブックへの投稿を目にした時に絶望的な気持ちになったという。

「『むかし彼女は良い人だったのに。なぜこんな人間に変わってしまったのかまったく理解できない』って書き込まれてた。私を個人的に知っている人までもデマに感化されてしまっていることに言葉を失ったわ。トロールが普通の人々も取り込んで、憎悪が増幅されていくのをまざまざと見せつけられたのよ」

フェイスブック上でアロに対するヘイトスピーチのページが立ち上げられ、殺害計画を具体的に示した投稿などもあったという。そんな状況で彼女が発信し続けてきたことに「本当に強いなあ」と私が感嘆すると、アロはこうもらした。

「トロールによるものか、普通の人によるものか判別できない脅迫めいた投稿やメッセージが相次いで、正直、仕事に集中できなくなった時期があったわ。上司はすぐに安全を確保するために警戒態勢を敷いた。そのころには私と同僚の調査報道に対して、放送局にも抗議が来るようになっていたし」

アロは16年から何度か警察に被害届けを出した。18年になって裁判が始まり、ヘルシンキの地方裁判所は同年10月、名誉毀損罪などでMV-Lehti創設者や、ネット上でアロを執拗に攻撃した親ロシア活動家ら3人に有罪判決を下した。それでもいまもトロールの攻撃は続いているという。

アロは残忍な攻撃を体験して戦う決意を強くしたという。

「脅して、怖がらせて、黙らせようとするトロールのやり口を目の当たりにして、逆に問題を追及する動機が高まったのよ。社会の分断や混乱を招く安全保障の問題にほかならないと痛感したから。表現の自由を信じて、私たち記者が不正を公にして、民主社会の抵抗力を示さなければダメよ」

3．トランプの勝利に貢献した北マケドニアの街

グーグル翻訳でデマ作成

ＩＲＡの活動と並行して、フェイクニュース発信の拠点として名をはせた街がバルカン半島の北マケドニアにある。16年のアメリカ大統領選の際には１００以上も乱立した政治サイトが偽情報を拡散し、トランプの勝利に一役買ったとされる。[7]

ここでもロシアの工作が絡んでいたのではないか——私の中にそんな思いが膨らんだ。若者らが偽情報を量産した現場では何が起きていたのか。真相を探るべく17年4月に現地へ取材に向かった。

北マケドニア（19年2月にマケドニアから国名変更）はユーゴスラビアの解体に伴い１９９１年に独立した人口２００万の小国だ。日本人に馴染（なじ）みがあるのは、古代ギリシャのアレクサンダー大王が築いた王国の発祥地域だったことだろうか。首都スコピエの中心部に

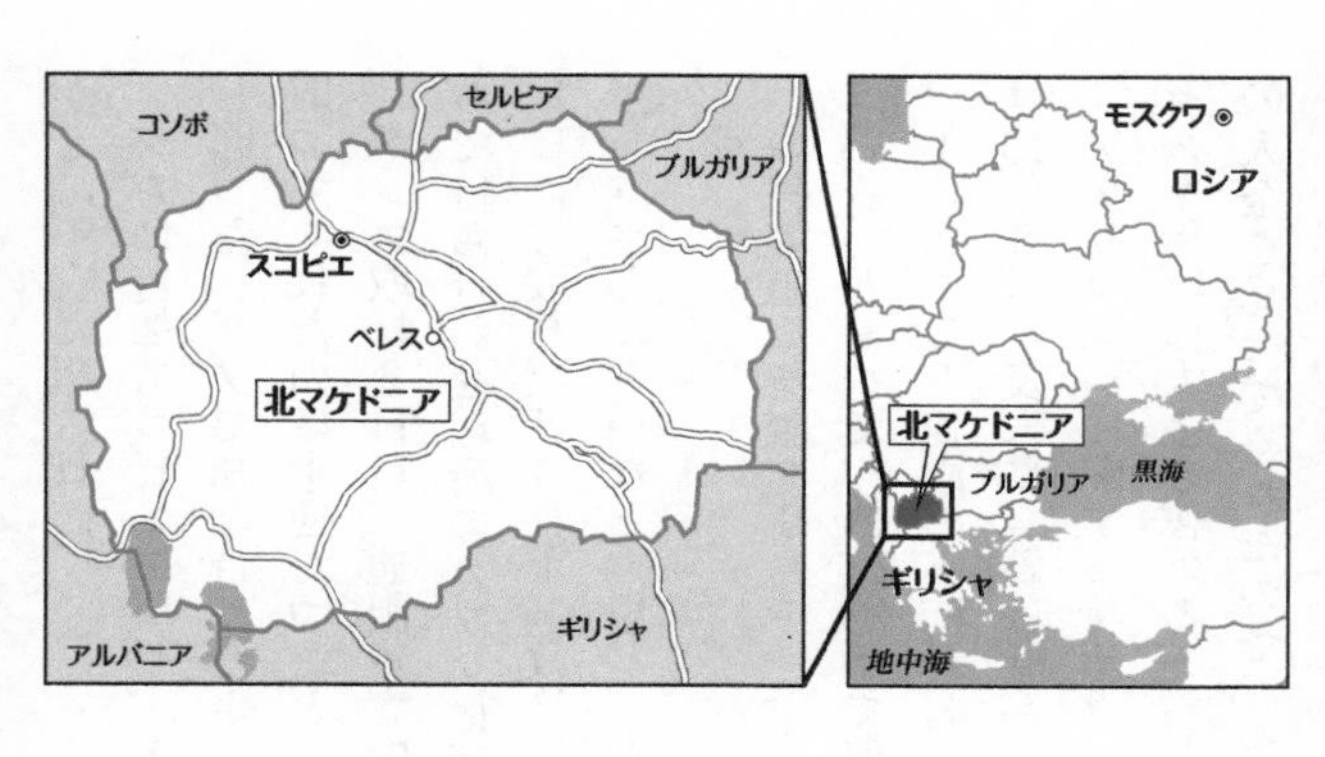

は巨大な大王の像が立つ。フェイクニュースの街はここから南へ50キロに位置する。

春の日差しが暖かい山間の高速道路を抜けると、人口5万人足らずのベレスという街が現れた。平日だったが、目抜き通りに並ぶカフェは大勢の若者でにぎわっていた。フェイクニュースづくりで大金が流れ込み、街は潤っているようだった。

実は今回は欧米メディアのベレスに関する記事に目を通しただけで、事前準備なしの「パラシュート出張」だった。街頭で若者に片っ端から声を掛ければ何とかなる、と高をくくっていたが、ベレス訪問初日はまったくの空振りに終わった。英語があまり通じず、会話がほとんど成りたたなかったのだ。公用語のマケドニア語は、ロシア語と同じスラブ系の言葉だが、私にはさっぱり分からなかった。「一体どうやって英語で偽ニュースが作成されたのか」という疑問がわくと同時に、このまま何もつかめないのではないかとの不安に駆られた。

夕方に首都スコピエに戻り、英語が通じるホテルやカフェで通訳をしてくれそうな人を探し回った。パブで知り合ったホテルマネジャーがベレス出身で、現地の1人の若者と連絡を取ってくれたのは幸運だったとしかいいようがない。

ベレス取材2日目、通訳兼案内人のウラジーミルが革ジャンにくわえたばこといういでたちで待ち合わせ場所のカフェに現れた。「自分は反政府・反汚職デモのリーダー格としてテレビにも取り上げられた『政治家の卵』だ」と写真を見せながらしきりに売り込んできた。少しうさんくさいなとも思ったが、彼に頼るしかない。英語はでたらめだが、何とか話は通じる。

取材の狙いを説明すると、「おれはフェイクニュースづくりはやっていないが、知り合いはいる」と言って、携帯電話で何人かに連絡を取り始めた。

1時間すると19歳の小柄な若者、ニコラ（仮名）がカフェにやって来た。失業中のニコラは16年8月、友人に「儲（もう）け話があるぞ」と持ちかけられたと語り始めた。

「アメリカ政治に関する英語ウェブサイトを立ち上げて、サイトに掲載される広告へのアクセスを稼げば大金を稼げると言われた。半信半疑だったけど、友人はサイトと多額の口座への入金を見せてくれたので、やってみることにした。彼にやり方を教わって、指導料に

北マケドニアの人口5万の街、ベレス。16年、トランプ寄りの偽ニュースサイトが乱立した

140ユーロも取られた」

ニコラによると、仕組みはこうだ。サイトを立ち上げて、グーグルの広告配信サービスAdSenseに登録する。訪問者が広告をクリックするごとに報酬が得られ、指定した銀行口座に振り込まれる。フェイスブックなどにサイトのページを作り、記事のシェア数を増やせばサイトへのアクセスを膨らませられる。

ニコラは片言の英語しか話さない。毎日4、5時間ネットを検索し、グーグルの翻訳機能を使って既存メディアや偽ニュースのサイトの記事を読みあさった。真偽も分からぬまま、受けそうなものをコピーしたり、自分で捏造（ねつぞう）した文章を翻訳機で英語にしたりして、毎日10本程度をサイトに貼り付けた。

「ヒラリー・クリントン、大統領選から脱落、重病が発覚」

「ビル・クリントン元大統領はむかし、麻薬の売人だった」

自分でつくったこんなでっち上げへのアクセスは数万に達した。「トランプは同性愛者」といった偽ニュースも発信してみたが、トランプに肩入れした記事の方が断然アクセス数を稼げたという。

最初の月に30〜40ユーロの広告収入が口座に振り込まれた。サイトのファン数はやがて9万人に膨らみ、最大で月550ユーロ稼いだ。北マケドニアの平均月収は360ユーロ、ベレスでは200ユーロ程度とされるので大金である。

「罪悪感とかはなかったの？」と聞くと、それまで気弱な声で伏し目がちに話していたニコラはキッパリと言い切った。

「トランプのためにやったんじゃない。生きていくため、お金のためだった。善悪なんて関係ないよ。お金をくれるグーグルも、偽ニュースを喜んで読むのもアメリカ人じゃないか」

ニコラは16年末にサイトをやめた。大統領選が終わると収入が激減したことにくわえ「少し怖くなったから」だという。

その後は趣味でサッカーのファンサイトを運営しているだけで、収入源はなくなった。

「次のアメリカ大統領選を待っている」と、ニコラは取材の最後にそうもらした。

ウラジーミルが次に呼び出したアツェ（仮名）はカフェに腰を下ろすなり取材に応じる見返りを要求してきた。

「それで、いくらくれるんだ」

偽ニュースの温床と非難されたグーグルやフェイスブックが対策に乗り出したため、運営する偽ニュースサイトのうち1つが最近、グーグルの広告配信から遮断されたのだという。28歳というが、ふてぶてしい態度や体型からしておそらく年齢をごまかしている。

「前に取材に来たオーストラリアのテレビ局は200ドルくれたぞ」

「ただで記者と話すやつはこの街にはもういないぞ」

などとすごまれた。

こちらは「私はカネで情報は買わない。お金は払えない。サイトのことを教えてほしい」と押し通した。ウラジーミルがマケドニア語で何か語りかけると、アツェはやっとポツポツと話し出した。

健康食品のサイト運営で広告収入を得ていたアツェは「トランプのニュースが儲かる」と聞き、16年に政治サイトに乗り換えた。ニコラと同様に英語能力は低い。毎日8時間、パソコンの前に座り、ネットの翻訳機能を使って読んだ記事のコピーと貼り付けを繰り返した。複数のサイトを運営し、収入は本業の10倍、数千ドルに上ったという。

記事には書かないのでサイトを見せてほしいと頼んだが、拒絶された。サイトにどんな内容の記事を掲載していたかも一切話そうとしない。

「アクセスの多かった記事を1つで良いから教えてくれ」と3度も4度も繰り返し求めると、あきれたような顔でやっと明かした。

「(独首相)メルケルはトランプに借金がある」

意味を尋ねると、

「知るか。どこかで見つけた記事をコピーしただけだ」

大統領選後に広告収入は大きく減ったものの、本業よりはなお多く、取材当時にアツェはまだ3つのサイトの運営を続けていた。

「(トランプ夫人)メラニアや(娘の)イバンカのゴシップとか、トランプネタはまだ稼げる」

2人の取材を終えた後、通訳兼案内人のウラジーミルが教えてくれた最も人気のあるというベレス発サイト、USA Politics Todayのフェイスブックのページにはこんな見だしの記事が並んでいた。

「トランプ大統領の暗殺を計画した民主党議員2人逮捕」
「最高裁、オバマケアを憲法違反と宣言」
「（女優の）ニコール・キッドマン、トランプ氏は歴代最高の大統領と語る」

クリックするといずれも広告が多く掲載されたサイトにつながる。私はウラジーミルにこのサイトの関係者に連絡を取れないかと尋ねた。すると大金を稼いで高級車を乗り回しているという「フィリップ」という名の男に何度か電話を掛けてくれたのだが、あいにく応答はなかった。

ミルコ・チェセルコスキーの名刺。「ドナルド・トランプがアメリカ大統領選で勝利するのを助けた男」と書かれている（画像の一部を加工しています）

稼ぎを伝授した男、大金を稼いだ男

それにしてもなぜベレスで偽政治ニュースサイトが広がったのだろう。

「トランプの勝利を助けた男」――こんな名刺を持つミルコ・チェセルコスキーという人物に取材3日目の朝に首都スコピエで会った。

彼とも通訳兼案内人のウラジーミルを紹介してくれたホテルのマネジャーの仲介でつながった。

細身で眼鏡を掛け、少しネットオタクっぽい雰囲気のチェセルコスキーは自らネット広告ビジネスで富を築き、その手法を教える学校を12年に開き、「ベレスの若者を多数指導した」と得意そうに話した。

サイトの立ち上げ方やデザイン、グーグル AdSense の広告システムを含む技術面の指導から、何が人気のある話題なのかを探るマーケティング方法まで伝授した。生徒の中でベレス出身のある兄弟が健康食品のサイトで大金を稼いだことをきっかけに、ベレスからの生徒が増えたという。

「断っておくが、でっち上げを流す指導はしていませんよ」

そう前置きしながら、チェセルコスキーは少し誇らしげに語った。

「ベレスの教え子の何人かは政治サイトで大金を稼いで、高級車を買ったりブルガリアに家を購入したりしたよ。彼らのような『成功者』はニュースの作成者や英語の翻訳家も雇って、記事を量産していた。アメリカの時間帯に合わせてベレスの深夜に偽ニュースを発信する態勢を整えて、100万人規模のアクセスを確保したサイトもあったな」

チェセルコスキーによれば、北マケドニアでは英語の使い手を雇うには月300ユーロも払えば十分。「成功者」たちはグーグル以外の広告システムも開拓して、複数のサイトを運営していたという。

ベレスの偽政治サイト立ち上げについて、「外国が関与したのではないか」と質問をぶつけると、こんな答えが返ってきた。

「アメリカの当局も17年1月、トランプ陣営の関与を疑ってベレスに調査員を派遣してきたよ。調査対象になった教え子から聞いた話だから間違いない。でもね、政治サイトは自然に広がったんだ。若者はネットワークでつながっているから、成功物語はすぐに伝わって、みながまねるのさ」

そしてこう言い切った。

「マケドニアの若者にはネット広告ビジネスくらいしか成功するチャンスはないんだ」

偽ニュースの背景に経済の苦境があったのは確かだ。北マケドニアの失業率は約20%、若年層は50%といわれる。かつて産業都市だったベレスは、ユーゴスラビア解体とともに工場が相次ぎ閉鎖されて廃れた。産業を興したユーゴスラビア指導者にちなんで「チトーの街」と呼ばれたベレスは当時、「トランプの街」と皮肉られていた。

それでも私の疑念は払拭（ふっしょく）されなかった。なぜ、ベレスだったのか。アメリカ政治に飛びついたのはなぜなのか。ネット立ち上げにそれほどお金はかからないにしても、資金やノウハウを持ち込んだ者がいたのではないか。そしてＩＲＡが関係しているのではないか——。

「成功者」を紹介してくれないかとチェセルコスキーに頼んだが、気のない返事しか返ってこなかった。アメリカ当局も捜査したというのだから、一見（いちげん）の記者に教え子を売るはずもない。

チェセルコスキーを取材後、私はすぐベレスに戻った。翌日にはスコピエからモスクワに帰る予定だったので、もう半日しかない。大金を稼いだという「フィリップ」は相変わらずウラジーミルの電話に応答しなかった。「もうあてがないよ」と音を上げるウラジーミルに対し、「大きなサイトの関係者を捕まえない限り、取材は終わらないぞ」と脅すと、「事情通の友人が１人いる」と打ち明けてくれた。

古い家が建ち並ぶ迷路のような丘の細い道を上り、20代だというＢを訪ねた。ウラジーミルが路地に私を待たせ、一人で家の中に入ると、何やら怒声が聞こえてきた。１人で出てきたウラジーミルは「やつはしゃべらない」とうなだれ、「それとも、カネを払うつもりはあるか」と聞いてきた。

「いや、カネは払えない」

「もうやめよう」と嫌がるウラジーミルを「このままじゃ帰れない」と説き伏せて、時間を空けて今度は私自身がBの家のドアをたたいた。が、母親らしき人が出てきて追い払われてしまった。

あきらめきれなかった私は日暮れ後、最後にもう一度という思いで丘を上ると、ウラジーミルが意を決したように「おれがもう一度話す」と言って家の中に入っていってくれた。すると、Bがついに姿を現した。眼光鋭く、腕に入れ墨をしたBは「このスラムに何度も来た外国人は初めてだから」と口を開き、3人で丘を下りて、カフェに座った。

驚くことにBは、ウラジーミルを含めてベレスで接触した誰よりも英語の能力が高かった。私がモスクワに駐在していると自己紹介すると、Bは国際情勢について話を振ってきた。北マケドニアの政治腐敗やアメリカの「帝国主義」、東欧で民主化支援する投資家ジョージ・ソロスへの憎悪をひとしきりぶった後、聞いてきた。

「で、何が知りたい」

私は率直に尋ねた。

「君は偽ニュースづくりに関与したのか」

「ある組織に雇われて、数カ月間、ニュースをつくった。ここには〝大物〟が2人いるんだ。カネだけが目当てでトランプ支援のニュース業が自然に広がったというような、単純な話じゃないさ」

「ロシアが絡んでいるんじゃないか」

私が反射的に口にすると、Bは続けた。

「悪いが、おれにははっきりしたことは分からない。誰か〝訪問者〟がいたと思う。おれの考えはおまえとは逆だがね。汚い工作をするのはいつだってアメリカの方だ」

なんとも曖昧(あいまい)なBの言葉で私の中では疑惑だけが膨らんだ。気づけば1時間以上話していて、時間は夜10時近くになっていた。このあと首都スコピエに戻らなければならない。時間切れだ。

Bとウラジーミルと握手を交わし、外に出るとどしゃ降りの雨だった。ベレスとロシアをつなげる手掛かりはつかめぬまま、私は街を後にした。

4. 大物の正体

偽ニュースの作り方

ベレスの取材から1年以上経ってから、「やはり」と思わせるニュースが飛び込んできた。アメリカ当局がＩＲＡの首謀者と断定した実業家プリゴジンらとともに起訴したＩＲＡ幹部、アンナ・ボガチェワが、北マケドニアに入国していたことが分かったのだ。調査報道機関「組織犯罪と汚職の報道プロジェクト」（OCCRP）のバルカン半島の記者チームが18年7月に報道した[8]。

入国記録は見つからなかったものの、ギリシャ側の記録で15年6月26日に北マケドニアからギリシャに入国していたことが確認されたという。ベレスからギリシャ国境までは車で3時間足らずだ。モラー特別検察官の報告によれば、ボガチェワは14年に3週間、アメリカ各地を訪問しており、アメリカ国内で協力者を開拓していた疑いがある。

OCCRPの報道から2カ月後の18年9月、私に北マケドニアを再び訪れるチャンスが巡ってきた。同国のNATO加盟の条件として、ギリシャが要求してきた国名変更の是非を問う国民投票の取材だった。

国名変更を市民がどう受け取っているのかを聞くために、モスクワからあらかじめ取材をアレンジしていた現地ネットメディアの記者にベレスの偽ニュースサイトの話をすると、思いがけず彼女は「大物」を知っているという。

「とても興味深い人物よ。私のメディアも彼の弁護にお世話になったことがある」

トライチェ・アルソフという名のベレスの「大物」は、皮肉なことに首都スコピエを拠点に独立メディアと報道の自由を擁護する30代の弁護士だった。その場で連絡を取ってもらい、取材の約束を取り付けた。

アルソフは、夜8時、スコピエの街外れのカフェを待ち合わせ場所に指定してきた。通りは薄暗く、タクシーの運転手も迷うような場所だった。約束の時間が過ぎ、「本当に来るのか」とやきもきし始めたころ、背の高いスーツ姿の男が現れた。

「日本の記者が一体何を知りたいのだ」

アルソフはこちらを値踏みするような、高圧的な調子で口を開いた。

私は17年にどんな取材をしてどんな記事を書いたかを率直に伝え、「なぜ、どのように政治サイトづくりがベレスで始まったのか真相が知りたいんだ」と訴えた。アルソフは一瞬、薄笑いを浮かべると、自分のサイトについてむしろ積極的に話し始めた。

「弟がネット広告で儲けたいと相談してきたのがきっかけさ。15年のことだ。ベレスでは、スコピエのネット広告の学校（前出のチェセルコスキーが運営）で学んだやつらが、健康食品やダイエットのサイトですでに稼いでいた。弟はオートバイのサイトを考えていたが、おれは政治ニュースにしたらどうかと提案したのさ」

15年9月にアルソフが弟と始めたサイトこそ、ベレス発の最大のサイト、USA Politics Todayだった。

アルソフは、経済と個人の権利の両面で自由至上主義を掲げる「リバタリアン」の思想にはまり、アメリカの政治ニュースをかねてフォローしていた。16年のアメリカ大統領選にも出馬した共和党上院議員テッド・クルーズや、同じく共和党上院議員ランド・ポールらを絶賛し、しばらくリバタリアンについて熱心に語ってみせた。

サイトでも最初は、自分の政治思想に近い保守・極右系のフォックスニュースや、トランプの顧問だったスティーブン・バノンが会長を務めるブライトバート・ニュースの記事を自分で書き直して、1日に15～20本掲載したという。

「数週間でページビューが急速に伸びて、広告収入がじゃんじゃん入ってくるようになった。そこでだ、ITデザイナーを雇ってサイトをてこ入れし、アメリカの保守系メディアの記者に直接メールを送って、書き手を徐々に増やしたのさ。(アメリカ大統領選中の)最盛期にはアメリカ人とイギリス人を20人雇っていた。ビューワーはざっと200万人はいたな。もちろん動機はカネだよ。メディアだって収益を追求すべきだろ」

アルソフが接触したアメリカ人の書き手の中には、アメリカ国内でトランプ寄りのフェイクニュースを拡散したとされるサイト「リバティー・ライターズ・ニューズ」を組織したパリス・ウェードらがいたことが、OCCRPの調査で分かっている。

アルソフはウェードとの関係については口を閉ざしたまま、こう主張した。

「2、3の例を取り上げられてフェイクニュースと呼ばれたのは心外だ。こっちはアメリカメディアが書く事実をベースに記事を作っていたし、雇ったのはれっきとしたメディアに属した右派のジャーナリストだ。何よりもアメリカ国民は我々の記事を求めていた。トランプやロシアを批判し続けるＣＮＮとかＡＢＣこそ、リベラルに偏ったフェイクニュースそのものだからさ」

ベレスの他の政治サイトはすべて自分の成功を知ったものがまねをした、とアルソフは言う。

「知人に頼まれて、手ほどきしたサイトもある。だがな、他人の記事をとにかくコピー・ペーストしただけの他のサイトと、私のメディアを一緒にしてもらっては困る」

そこで私はこう切り出した。

「アメリカ大統領選への介入で騒がれているロシアのインターネット・リサーチ・エージェンシー（ＩＲＡ）のことは知っているだろう」

「おまえも私がロシアと関係しているというのか。そんなものはすべてメディアのでっち上げで、臆測にすぎないぞ」

USA Politics Today の立ち上げ時期は、ＩＲＡのアンナ・ボガチェワの北マケドニア訪問が確認された日から数カ月後のことだ。私はその点も指摘し、ロシアの協力があったのではないかともう一度問い詰めた。

「アンナなんて知らない。これは私が作り上げたれっきとしたメディアなのだ」

アルソフは最後までロシアとの関係を否定した。

アメリカ政治についての議論を含めて、2時間近く話しただろうか。リベラル派を目の敵にしてトランプを称賛するアルソフとは意見は合わなかったが、取材を通じて私が強く感じたのは、自分のメディアに対する彼のプライドだ。自分のサイトのページを削除した「フェイスブックを訴えてやる」と息巻き、こうも付け加えた。

「とにかく、痛快じゃないか。マケドニア人がアメリカの政治を変えたのだから」

アルソフからはその後、フェイスブックを通じてメッセージが来た。最初はアメリカの失業率が1969年以来の低い水準になったと伝える記事が添付され、「私が言った通りだろ」とコメントされていた。その数週間後の私の誕生日にもお祝いメッセージが届いた。いずれも私は短くお礼の言葉を返信した。

アルソフのフェイスブックのアカウントはその後ほどなく削除され、連絡が途絶えた。

ベレス、アメリカの極右、そしてIRA――この3つは結びつくのか。OCCRPの18年7月の報道によれば、北マケドニア情報機関がFBIや欧州2カ国の当局と共同で、アルソフやIRA幹部のボガチェワら20人を対象とした調査に乗り出したとある。

ベレスの名はその後、まだ国際ニュースに再浮上してきていない。

5. USA Really?

トロール工場の引っ越し

ＩＲＡはその後、どうなったのか。私は冒頭で記した16年の取材を最後に現地に行く機会がなかった。そんななかサンクトペテルブルクの地元紙「デロボイ・ペテルブルク」の17年12月の記事が目に留まった。(9)「アメリカ大統領選への介入を巡る追及が強まったため、ＩＲＡが分散し始めている」とある。

この報道を確認すべく18年1月、サブシュキナ通り55番地のトロール工場の拠点を再び訪れると、「貸しビル」と書かれた垂れ幕がかかり、4階建てのビルの1～2階が空き室になっていた。

そこでデロボイ・ペテルブルクがＩＲＡの新たな拠点の1つと指摘した「ラフタ・ビジネスセンター」に行ってみることにした。サブシュキナ通りから、タクシーで10分ほどで着いた。住宅街にあった以前の建物と比べると、ビルは高層で新しい。ビルのオーナーは過去にプーチンの選挙キャンペーンに多額の献金をした実業家だとデロボイ・ペテルブルクは伝えている。

私はダメもとで、デロボイ・ペテルブルクがＩＲＡ系のテナントの１つと指摘した「ノブインフォ」を指名し、「日本の記者が取材を申し込みに来ていると連絡してほしい」と１階の受付に頼んだ。すると思いがけず、同社のマネジャー、ドミトリーが取材を受けるという。外国メディアを懐柔するためのＰＲ路線に変わったのだろうか。１階受付に下りてきたドミトリーはソフトな物腰でオフィスに案内してくれた。

早速私は「以前はサブシュキナ通り55番地のビルに入っていましたよね」と聞いてみた。ドミトリーは丁寧な口調で答えた。

「それは事実です。ビルに毎日、記者が押し寄せるようになり、偽ニュースを流していると誤解されたので、移動しました。あそこに入っていたほかの会社と我々は、一切関係ありません」

ノブインフォ社は24時間、約１００人体制で6つのロシア語ニュースサイトを運営しているという。取材時には広いスペースの部屋に4〜5人がコンピューターに向かっているのが見えた。

ドミトリーに出資者を問うと、「よく知りません」。

「それはないでしょう」

と返すと、

「本当です。私はこのオフィスのマネジメントを任されているだけなので」

ＩＲＡの出資者とされる実業家プリゴジンの名を挙げて、もう一度問い直してみると、

「彼のことはメディアで見て名前を知っているだけですよ。我々とは一切関係ありません」

と無表情で答える。

収入源についても、

「広告です。ネットメディアの競争が激しくなっているので、我々も必死ですよ」

と淡々と話した。

こちらの怪訝（けげん）そうな表情に気づいたのだろう、ドミトリーは「とにかく、我々の仕事を見てください」と話をかえ、パソコンを開いて運営サイトのいくつかの記事を見せてきた。

「例えばこれはウクライナに関する記事です。見てください、いろいろな人の意見を聞いているでしょう。中立な立場で報道しています。我々はまっとうなメディアなのです」

広告を見せてほしいと頼むと、平然と言ってのけた。

「サイトはまだ立ち上げ間もないので、それほど広告が入っていないのです」

これ以上話しても何も出てこない。私は早々に取材を切り上げた。

複数のノブインフォ社のサイトを取材後に改めて調べると、広告はほとんど見あたらなかった。やはり、欧米やウクライナをおとしめる論調の記事が目立ち、ロシア国内のニュース

は、プーチンの対抗馬として18年3月の大統領選に立候補した共産党候補らを批判する記事が多かった。

ノブインフォ社がオフィスを構えるビルの4階には、ＩＲＡ傘下と目されたネットメディアのオフィスがいくつか並んでいた。16年に取材したＩＲＡの元トロール、ビタリーが指摘したウクライナのメディアを装ったサイト「Nahnews」の看板がかかった部屋があった。1階ロビーにはサブシュキナ通りのオフィスにいた警備員の姿があった。

ＩＲＡの部隊が散らばって活動を続けていることは確かだ。別の「ビジネスセンター」にはＩＲＡの中核といわれたネットサイト、フェデラル・ニュース・エージェンシー（ＦＡＮ）がオフィスを構える。私はここにも突撃取材を試みたが、「まず正式な取材申請を我々のメールアドレスに送ってください」と、広報担当を名乗る男性にやんわりと追い払われた。

ＦＡＮはその数カ月後、新たな英語メディアの立ち上げを発表した。声明文はロシア語と英語でこう書かれていた[10]。

「ロシアの信用をおとしめることを狙うアメリカとその同盟国からの情報に対して、ロシアのメディアは黙っているわけにはいかない……政治エリートが支配するアメリカの業界が隠すニュースや社会問題に特化する情報機関〝USA Really（本当のアメリカ）目覚めよ、アメリカ人〟を２０１８年5月に開設する……英文ジャーナリストを募集する」

私はこの告知を見て、今度はＦＡＮに正式な取材申請をメールで送ってみた。意外なことに新媒体の「編集長」から取材を受けると返事が来た。

「目覚めよ、アメリカ人」

USA Reallyのオフィスは、サンクトペテルブルクではなくモスクワにある。入り口にはトランプのプレートが飾られていた。数人がコンピューターに向かっていた編集室の壁にもトランプのポスター、星条旗、それにトランプ支持者が好む南北戦争時の南軍の戦闘旗「サザンクロス」が掛かっている。アメリカのロックバンド、ドアーズのポスターもあった。

「私は高校生のころからドアーズの大ファンなんでね」

編集長を名乗るアレクサンドル・マルケビッチは、乾いた笑みで私を部屋に招き入れた。おそらく40代、ひげをたくわえ、ダンガリーシャツにジーンズというラフな格好だった。ロシア各地の地方メディアの編集の仕事をし、ロシア政府の諮問機関でマスメディア委員会の副議長も務めていると誇らしげに語った。

「トランプのファンでもあるのですか」と少し茶化して聞くと、「ポスターを貼っているのは彼が現在のアメリカの大統領だからだよ」と言いながら、トランプ寄りであることを隠さなかった。

「トランプはプーチンと米ロ関係を正常化させたいと考えているし、両国の国民もそうだ。ところが、一部に米ロ対立で儲けているものがいて、ロシアへの制裁を強めようとしている。民主党が支配するアメリカの主要メディアはトランプ攻撃ばかりしている」

USA Reallyは「ロシア人によるアメリカニュースの報道機関」を目指し、アメリカの主要メディアが取り上げない移民や犯罪の問題、地方ニュースを重点的にカバーするという。マルケビッチ曰く、ロシアでは多くのアメリカメディアと親米メディアが何の問題もなく活動しているのに、アメリカではロシアのネットメディアが規制を受けており、その状況を打開するのだという。

「私は情報分野の第3次世界大戦が始まっているのだと常日ごろ発言してきた。戦争を始めたのは我々の方ではない。ロシアのメディア環境は欧米に比べて検閲も少なく、開かれており、ジャーナリズムの論理も優れている。我々はロシアを守らなければならないのだ」

などと悠然と語った。

モスクワのスタッフは15人、アメリカから記事や動画リポートを送ってくる「本当のアメリカ人のライター」が20人。すべてFANの声明を見て応募してきた「記者」だとマルケビッチは主張した。このやり方は、北マケドニアのベレスでアルソフが興したサイトの運営方法と重なるところがある。

マルケビッチの説明によれば、ロシア人の手でアメリカニュースのメディアを創設すべきだと講演や記事の中で提言してきた自分のアイデアにＦＡＮが関心を持ち、プロジェクトを打診してきた。いまはＦＡＮの資金支援で活動しているとしながら、広告収入による自立を目指すのだという。

ＦＡＮはＩＲＡ傘下の会社として偽ニュースを拡散していた疑いがあると指摘すると、

「サンクトペテルブルクに最近行っていないからＩＲＡのことはよく知らないんだ。それに、大統領選に介入したと書き立てているアメリカメディアは驚くことに証拠をまったく示していないではないか」

と擁護した。私は反論を試みた。

「ＩＲＡはサンクトペテルブルクに確かにありましたよ。私はそこで働いていた複数のトロールに取材し、情報工作の証言も得ています」

「しかし、君に証言した人物は証拠を見せたのかね。その人たちは何かの腹いせでそんなことを言っているのかもしれない」

「これだけの騒ぎになり、米ロ関係にも影響を及ぼしているのだから、まずロシア政府諮問機関のマスメディア委員会副議長としてＩＲＡを調べるべきだとは思いませんか」

そう切り返すと、マルケビッチは少し沈黙し、何やらノートパッドにペンを走らせ、こう言った。

「君の意見は書き留めた」

サンクトペテルブルクのノブインフォの取材と同じだ。いくら話してもあまり意味はない。オフィスを後にする時に、玄関近くに貼られていた妙なポスターが目に入った。英語で「信用してくれ、私は記者だ」と書かれていた。それを見て、私は思わず呟いてしまった。

「いや、記者じゃない」

USA Reallyはいまも存続しており、20年11月の大統領を巡って、真偽不明のトランプ寄りの記事を発信していた。

「トランプ支持者の黒人、ワシントンで刺される」

「アリゾナ州で郵便箱から盗まれた投票用紙を農民が発見」

「民主党、女性有権者を旧姓で登録していた疑い」

記事の署名はすべて個人名ではなくUSA Reallyとなっており、サイト内に広告は見あたらない。

USA Reallyのほかにもロシアが手を替え品を替え、ネット上で情報操作を続けていることは間違いない。CNNは20年3月、西アフリカのガーナとナイジェリアにロシアのトロール部隊の拠点があると報じた。[11]「アフリカ解放のための障害の排除（EBLA）」という非政府組織（NGO）が核となり、20年11月のアメリカ大統領選に向けて、現地人を雇ってソーシャルメディアに黒人への弾圧や警察の残虐行為などを投稿し、人種差別問題をあおっていたとした。

CNNが番組で突き止めて現地で取材したEBLA運営者のガーナ人の男は、ロシアで学んで長期間働いていた経歴があった。ガーナの治安当局者はCNNの取材に「EBLAの運営資金はすべてロシアから送られていた」と明かしたという。IRAの黒幕としてアメリカ当局が訴追したプリゴジンが率いる軍事会社ワグネルがアフリカへの進出を加速していることは前述の通りだ。

CNNの報道の直後、フェイスブックとツイッターはEBLAに関連するアカウントを両社合わせて274凍結したと発表した。フェイスブックによると、EBLAのフォロワーは約28万人に達しており、そのうち65％はアメリカ市民だった。

16年の大統領選を巡り、ロシアによる偽情報拡散に利用されたと批判を受けたフェイスブックやツイッターは監視を強化しているが、新手のサイトが次々に生まれ、イタチごっこの様相は否めない。EBLAのようなトロール部隊のアウトソーシングが他国にも広がっている可能性もある。

第五章　プロパガンダの論理

1．ロシア人記者の告発

メディア統制のからくり

「狂ったプロパガンダに加担したことをおわびします」

ロシアの大手民間テレビ局NTVのベルリン特派員だったコンスタンチン・ゴールデンツバイクは2015年6月、フェイスブック上でこう告白し、12年間勤めた局を去った。

14年、プーチン政権がウクライナに侵攻すると、ロシアの各テレビ局はウクライナと、対ロ制裁を発動した欧米の指導者に対する憎悪をあおる過激な報道を競って展開するようになった。

「ウクライナ兵がロシア人の3歳児を磔（はりつけ）にして殺害した」

「10歳の少女がウクライナ軍の砲撃で死亡した」

こうした報道の多くは事実無根のでっち上げだったことが、ロシアの独立系メディアやBBCなどの現地調査によって暴かれている。

私はフェイスブックを通じてゴールデンツバイクにコンタクトしてみた。

「ロシアのテレビのニュース制作の現場で何が起きているのか、実態を知りたい」

ゴールデンツバイクは最初、「（取材は）あまり気乗りしない」と返信してきたが、何度かメッセージを送って口説き、2015年8月にベルリンで会うことになった。

NTVの報道を見ていたから、待ち合わせのカフェに先に腰掛けていたゴールデンツバイクがすぐに分かった。少し小柄な優男風で、当時32歳だった。

「わざわざここまで来てくれてありがとう」

感じよく迎えてくれた。

ゴールデンツバイクという苗字（みょうじ）はロシア人というよりはドイツ風の響きがある。聞けば、モスクワの南東部に位置するリャザン出身で、ユダヤ系のリベラルな家庭に育ったという。

私がプロパガンダについて聞き始めると、ゴールデンツバイクは上司から送られてきたメールを1つ見せてくれた。

「明日のアムステルダムからのリポートを待っている。これは美しく素朴なイベントであるべきだ。（ロシアに対する）抗議運動の報道はなしで頼むよ」

これはウクライナ侵攻よりも前のことだ。ロシアとオランダの国交樹立400年を記念した2013年の、両国友好年の開幕式に合わせたプーチンのアムステルダム訪問の取材への指示だった。この時、ヨーロッパ各地でロシアのLGBT弾圧に抗議するデモが広がっており、アムステルダムでも数千人のデモが行われていた。

この前日には、オランダ訪問の途中にプーチンが立ち寄ったドイツ北部ハノーバーの見本市で、上半身裸の女性活動家がプーチンに突撃する事件が起きた。

この事件については局から、「これは我々に対する陰謀の一環であり、大統領に対する汚いキャンペーンだ」といった報道方針を伝えられたという。

「プーチンがドイツを訪問すれば、自分が報道せざるを得ないけど、政治の話題は極力避けてきた。文化ニュースとか『他の取材で手いっぱいだ』とか言って、ごまかしてきたんだ。だけど、ウクライナ危機の後、捏造（ねつぞう）の圧力が激しくなって、逃げ場がなくなっていったんだ」

そうゴールデンツバイクは打ち明けてくれた。

特に14年の秋以降、モスクワの局からは、

「ドイツのメルケル首相はアメリカの手先だと報道してくれ」

「ロシアを支持するドイツの政治勢力を大きく取り上げなさい」

といった注文が相次いだという。

私はゴールデンツバイクに会う以前から、モスクワで取材した政府関係者やロシアメディアの記者からロシア政府による言論統制の仕組みについて証言を得ていた。クレムリンは毎

週金曜日の午後6時、ロシアの主要メディアの編集幹部を集める。大統領報道官らが向こう1週間の予定を説明したうえで、何をどう報じるか細かな「助言」を与える。

突発的なニュースや重要案件についてはクレムリンの「メモ」が配られる。報道でどこを強調するか、誰のコメントを使うべきかといった具体的な「勧告」が書かれていることもある。ゴールデンツバイクが最初に見せてくれた上司のメールは、クレムリンメモに基づいていたのだろう。

ゴールデンツバイクはベルリンに赴任する前に一度、クレムリンから直接連絡を受けたことがあると話す。大学の学生寮が不正に買収され、立ち退きを余儀なくされた学生たちの取材についてだった。

「(大統領報道官ドミトリー)ペスコフから電話があった。この時はどんな状況なのかと取材の詳細を聞かれただけで、何かを指示されたり規制されたりしたわけではなかった。報道自体も番組で大きく取り上げられたし。こんなところまで大統領府が関与しようとするなんて、まったくおかしな国だろ」

さらにプーチンが直々にNTV編集幹部に電話を掛けてきて、怒鳴りつけたこともあったという。LGBTの人権侵害に抗議する欧米首脳が相次ぎ14年冬期ソチ五輪の開会式への参加見送りを表明するなかで、

「西側の首脳と問題があるが、我々（ロシア）は招待を実現しようと努力している」とした
NTVの報道に対して、プーチンは怒りをあらわにした。
「我々は屈辱的に参加を懇願するようなまねはしない」

記者の自主検閲

ゴールデンツバイクは、記者たちはある時点から「自主検閲」をするようになるという。

「編集局で内容を厳しくチェックされて、自分の報道がボツになり、何をどんな論調でカバーすべきか細かく指示を受けるにつれて、記者は何を求められているのかを理解する。そのうち指示を受ける必要はなくなる。なぜなら、自分で政権の意向に沿った内容を進んで報道するようになるからだよ。やればやるほど、社内で出世する可能性も高まるし。その時点で記者は記者ではなくなり、政権の広報に堕落していくんだ」

自ら手を染めたプロパガンダの例を尋ねると、ゴールデンツバイクは思い詰めた様子でしばし沈黙した。

「ちょっと待ってくれ、いま思い出そうとしている……あまりに恥ずかしくて……記憶が停止してしまっている……文化がらみの報道とか、誇れる仕事もしてきた……政治の話はできるだけ避けてきた……とにかく国営テレビの記者よりはましだった」

焦点が定まらず、頭の中で思いを巡らせている感じのゴールデンツバイクの姿を見ながら、私は自分がでっち上げを命じられたらどうするだろうかと一瞬考えた。自ら手を染めれば、たぶん羞恥心（しゅうちしん）に駆られ、特に具体的な話をしたくないだろう。ゴールデンツバイクはおそらく自らの捏造を覚えているはずだ。辛（つら）さが想像できただけに、こちらもそれ以上突っ込んで質問することをためらった。

「最もひどい体験の１つ」とゴールデンツバイクが話を始めたのは、第２次世界大戦中に１００万人以上が殺害されたアウシュビッツ収容所の解放から70周年にあたる２０１５年１月27日の、記念式典の取材のことだった。

「とにかく式典は厳かで美しかった。収容所の悲劇を思い起こしてありのままに語る生存者の言葉に心を揺さぶられたんだ。みな高齢になっているから、これが生の声を記録できる最後のチャンスかもしれないという思いもあったさ。式典は犠牲者のためのもので、出席した各国首脳なんてどうでもよかった。だから、局からの指示に嫌悪感がこみ上げてきたんだ」

そう感情を込めて語る姿に思いが伝わってきた。ゴールデンツバイクはユダヤ系なのでなおさら心に響いたのだろう。

主催国であるポーランドは、ウクライナに侵攻したプーチンを招待しなかった。ロシアのテレビ局の報道チームはまず、式典前からことあるごとに主催国であるポーランドを批判するよう義務付けられたという。そして生存者が1人1人体験を語る式典のライブ放送中には、こんなコメントを繰り返しはさまなければならなかった。

「収容所を解放した国の指導者であるプーチン大統領は招待されていない。恥ずべきことだ」

同じ日、ロシア代表として式典に出席した大統領府長官セルゲイ・イワノフのロシアメディア向けの記者会見に出た時、絶望感が強まったとゴールデンツバイクは話を続けた。

「イワノフは、多くのユダヤ人やソ連市民も殺害された収容所の犠牲者の遺体の写真の前に座り、『ウクライナは数百万ドルのガス代金をロシアに払わなくてはならない』と話し始めたんだ。しまいには時と場所に構うことなく『ウクライナではいまネオナチが行進している』と言ってのけた。信じられないよ。担当が別の同僚で、自分でこの場面を報道しなかったことが救いだった。もう、これ以上は続けられないと思った瞬間さ」

ゴールデンツバイクは15年3月に退職したいと上司に申し出ている。後任を待って7月に局を去る予定だったが、予想外の結末を迎える。6月にドイツ南部で開かれた主要7カ国(G7)首脳会議の取材の際に、ドイツの放送局のインタビューを受けたことが引き金になった。(1)

ウクライナ侵攻への制裁として主要国の枠組み（G8）から外されたプーチンについて聞かれ、「傷つき、怒っていると思う」とコメントした。

プーチンがウクライナ紛争の緊張緩和に動く可能性があるかとも質問され、

「そんなつもりはないと思う。紛争はモスクワの利益になっているように見えるから」

との見方を示した。

すると翌日、局からクビを言い渡された。プロパガンダ行為をフェイスブック上で告白したのはその直後のことだ。

すぐに多くのロシア国民がメールやソーシャルメディアで、ゴールデンツバイクに非難を浴びせた。

「裏切り者」

「地獄に落ちろ」

「ロシアには2度と戻らぬ方が身のためだ」

彼がユダヤ系であることを指摘した人種差別的なそしりもたくさん受けた。

２０１５年の取材当時、ゴールデンツバイクはロシアでの新たな仕事のメドは立たず、ベルリンにとどまったまま、妻と幼い子供を抱えて先の見えない不安な日々を送っていた。それでも、「後悔はない」とキッパリと語った。

「これでウソがばれるのではないかとびくびくしなくてすむよ。捏造を気にとめていない同僚が多かったが、辞める決心が付かずにいまだに罪の意識に苛まれ続けているものもいる」

私はゴールデンツバイクに「記者の仕事」に復帰できることを祈っていると伝え、取材を終えた。

家族がゾンビに

ゴールデンツバイクへの取材の後、モスクワで話を聞いた民間放送局レンTVの元プロデューサー、スタニスラブ・フェオファノフも「もう真実が報道できなくなった」と明かしてくれた。

彼のことはロシアの独立系ネットメディアで報道統制について書かれた記事にコメントしているのを見て知った。ゴールデンツバイクより少し年上の30代後半、大柄で気さくな男で、自宅に招待してくれた。

フェオファノフによると、大手のNTVと比べて、レンTVには当初、比較的自由な環境が残っていた。著名なキャスターが仕切る報道番組に参加し、ウクライナ紛争勃発直後も政府側と親ロシア武装集団側の双方を取材して取り上げた。自身もウクライナに1カ月にわたり出張した。その取材のさなかに番組は打ち切られてしまい、辞職したという。

「ウクライナの現場取材で、プーチン政権が言っていることとはまったく異なる事実をこの目で見たんだよ。プーチンが『ファシスト』と決めつけたキエフのデモ隊は、ヤヌコビッチ（親ロ派大統領）の汚職に対して抗議していたと知った。（親ロ派武装集団が支配する）ウクライナ東部では、たくさんの住民がロシアへの編入を望んでいないと語っていたし、ウクライナ政府を支持する人が親ロ派から弾圧されるのも見てしまった。それもこれも、もう報道する機会はなくなっちゃったよ」

フェオファノフは現地から母親に電話し、自分が見聞きしたことを伝えたという。

「母さん、ロシアのテレビがウクライナについて放送していることはウソばかりだよ」

ところが母親は耳を貸さなかった。

「何を言っているの。おまえはだまされているのよ。そこは危険よ。すぐに戻ってきなさい」

このエピソードを話す時、フェオファノフの表情にはやるせなさがにじんでいるように見えた。

「もう真実を語り伝えることしかできないのに、ウクライナで見聞きしたことを周囲に話すと、いつも口論になって友人を次々に失った。僕の話を理解してくれたのは一緒に暮らすガールフレンドだけだった。分かるかい、政府のプロパガンダが母や友人をゾンビに変えてしまったんだ」

私も2015年の二度めの赴任直後、久々にモスクワで再会したロシア人の友人とウクライナ情勢の話題になり、彼女の見方にショックを受けたことがある。リベラルな考えの持ち主だった彼女の口からは、テレビのプロパガンダそのままに「ウクライナの極右によるデモ」「アメリカの陰謀」といった言葉が飛び出した。「事実」の認識が異なるだけに、無力感にとらわれ、議論することを止めた。家族とも話が通じなくなったフェオファノフの心情は察するに余りある。

フェオファノフとゴールデンツバイクは、ソ連崩壊後の民主化により報道の自由がロシアで開花した1990年代にテレビ記者を志した。ロシア南部チェチェン共和国の独立派とロシアの戦争や、経済危機の際、NTVなど民間メディアはしばしば政府と対決した。

「自分の世代はテレビっ子だった。毎週、NTVの看板政治番組（イトーギ＝総括）を両親と見て育った。報道番組に触発されて、モスクワで行われた反政府デモに父親と参加したこともある。だから、NTVに就職した時は、まさに夢がかなったという感じだった」

そうゴールデンツバイクは取材の時、振り返っていた。

ところが2000年に、ボリス・エリツィンの後を継いだプーチンが大統領に就任すると、締め付けが徐々に強まっていく。2人の話では、11～12年にモスクワで10万人規模に膨らんだ反プーチンデモが決定的な転機となり、統制が一気に加速した。

当初こそデモの様子を普通に取り上げたNTVだったが、「抗議運動の解剖」というドキュメンタリー番組の中では、デモ参加者がカネを受け取っていると報道し、政権に加担した。

そのころNTVに在籍していたフェオファノフは、

「地方の汚職問題などの報道に待ったがかかり、ドキュメンタリー番組にもどんどん介入が強まった。だから、12年に局を辞め、レンTVに移ることを決意した」

と説明してくれた。

ゴールデンツバイクはNTVを解雇された15年、ロシアからベルリンを訪ねてきた父親を連れ、1933～45年のナチスの時代を展示する「テロのトポグラフィー博物館」を見学した時に、不安を募らせたと語った。

「自分も父もロシア人の関心が高いナチスとソ連の戦争の歴史ではなく、ナチスが国内で権力を掌握していく過程を展示した写真に見入ってしまった。野党の排除やデモの禁止、それに（独立）メディアの閉鎖とか、たくさんのことがロシアの現状によく似ていたからだ。暴力的な憎悪や軍国化、裏切り者を許さないいまのロシアの風潮はいずれ流血の結末を招くんじゃないかと思えてならないんだ」

取材から3年後、私はドイツ南部で開かれた国際会議の取材でゴールデンツバイクと偶然再会した。会議に出席していたウクライナ大統領のぶら下がり会見に群がる記者団の中に、マイクを大統領に突き出す彼の姿を見つけたのだ。

過去に個人的なことを取材で聞き出した人たちに出くわすと、学生時代の旧友に再会したような気分になる。向こうもこちらに気づいて、会見中ながら、互いに笑みを交わした。

会見後に私たちは近況を報告しあった。ゴールデンツバイクはベルリンに残ってネットメディアのロシア語放送の記者としてテレビ報道を続けていた。

「春に休暇を取って家族と日本に旅行したいと思っている。連絡するから、いろいろ教えてくれよ」

お互い会議の取材に追われており、ごく短い会話だったが、15年の取材当時よりずっと明るい表情を見て、「記者の仕事」をしていると私は感じた。

2. RT編集長の怒り

国営メディアトップへの接触

記者としてゴールデンツバイクらの気持ちに共感したが、プーチン政権の宣伝機関と呼ばれるロシア国営メディアの言い分はどうなのか。同業とは思えない国営メディアはどんな考えで動いているのか。私の中に、直接会って問い質(ただ)したい、という意欲が強まった。それに、ロシアのプロパガンダや情報工作に関する記事を書きながら、国営メディアを取材しないのではバランスを欠いているとも感じていた。

私はそれまでに「クレムリンのプロパガンダ部長」との異名を持つ国営第1チャンネルのキャスター、ドミトリー・キセリョフや、対外発信メディア「RT」の編集長マルガリータ・シモニャンらに何度か取材を申し込んだことがあったが、広報にのらりくらりとかわされ続けてきた。

こうなったら奇襲攻撃だ。17年11月、シモニャンがロシア下院で証言するタイミングを捉(とら)え、議会で待ち伏せ、直訴を試みることにした。「欧米によるRTへの圧力」について激しい演説を終え、議場から足早に出口に向かうシモニャンに駆け寄り、声を掛けた。

「情報戦についてあなたにインタビューしたい！」

意外にも彼女は足を止めて笑顔で応(こた)え、その場で秘書に指示した。

「日本の同僚とのインタビューをすぐにセットするように」

政府系放送局RTはプーチンが大統領令により05年に創設した。13年には国営の通信社とラジオ局を統廃合して「ロシアの今日」を発足させ、そこから新たな対外発信ネットメディア「スプートニク」も14年に立ち上げている。

プーチンは13年になってから、RTを創設した理由について、「アングロサクソンによる世界の情報の流れの独占を打破する狙いだった」と説明している。

ロシア政府はRTに年間3億ドルとも言われる予算を投じ、英語、スペイン語、アラビア語など6カ国語で放送する。スプートニクは日本語を含む30カ国語で発信する。

RTとスプートニクは当時、欧米から一斉に非難を浴びていた。フランス大統領エマニュエル・マクロンは17年、プーチンとの初めての会談後の共同記者会見の場で、「プロパガンダと（クレムリンの）影響力拡大のための機関だ」と糾弾した。イギリス首相テレーザ・メイも「ロシアは国営メディアを通じ、情報を兵器として使っている」と指摘した。アメリカ当局は16年の米大統領選への介入の一端を担ったとして両組織を「クレムリンの偽ニュース拡散機関」と断じている。

そんななかでなぜシモニャンは私の取材に応じたのだろうか。あのまま無視して通り過ぎることもできたはずだ。その背景には、日本の特異な立ち位置があったのではないだろうか。欧米が対ロ批判を強めるなかで、北方領土問題の解決を掲げる首相、安倍晋三は繰り返しロシアを訪問し、プーチンに接近していた。「日本人は礼儀正しく、大人しい」といったステレオタイプも作用したかもしれない。

シモニャンの秘書とのメールを通じた調整で、RT側から付いた条件は1つ。取材中の写真撮影は許されず、記事には配信する写真を使うということだった。

「これまで取材を受けた欧米メディアがひどい表情の写真を選んで報道し、悪魔のように仕立てたから」という理由だった。

RT編集長のマルガリータ・シモニャン。インタビュー中の写真撮影は許されず、記事用にこの写真を使うよう求められた（RT提供）

インタビューが実現したのは18年の2月、国営通信社「ロシアの今日」のオフィスで、英語で行った。RT発足時に25歳で編集長に就任したシモニャンは、「ロシアの今日」の編集長も兼ねており、ロシアの対外発信のまさに「顔」といえる。30代後半になったシモニャンと向き合うと、勝ち気な性格が表情からビシビシと伝わってくる。取材時間は30分と言われていたので、私はすぐに本題に切り込んだ。

RT編集長の反論

「フランスもイギリスもアメリカもRTとスプートニクをプロパガンダ機関と断じていますね。

あなたはどう受け止めますか」

私がそう質問すると、のっけから激しく反論してきた。

「私たちを非難する人たちがウソを止めることを望むわ。(例えば)マクロン政権はＲＴがフェイクニュースを拡散していると言うけど、彼らは具体的にどの報道かを示さないか、こちらが報道していないことを挙げ連ねている。そして、主要メディアがそのウソを広めているのよ」

一気にまくし立て、こちらを見据えながら付け加えた。

「あなたがウソを断ち切る初めての主要メディアの記者になってくれればうれしいわ。とにかく私たちがフェイクニュースかそうじゃないか少し努力して調べてくれれば感謝します」

私は構わずに17年のフランス大統領選を巡る報道を例に挙げ[2]、突っ込んだ。ＲＴとスプートニクでは、ＥＵの結束を訴えて対ロ強硬策の継続を主張したマクロン候補を中傷する論調が目立った。

「スプートニクはフランスの政治家へのインタビューに基づく記事でマクロンが同性愛者であると示唆し、選挙前にその臆測(おくそく)が一気に広がりました。この元議員の真偽不明の意見を取り上げることは果たして適切な報道といえるでしょうか」

シモニャンは質問を一蹴(いっしゅう)した。

「何を、誰が、いつ、どのように報道したか、そして私たちが報道してもいないことでどんな中傷を受けたかを何度も説明することにはうんざりしているの。一度、説明メモを（外国人）記者に配ったけど、誰もこれを使わなかったし、調べもしなかった」

「しかし、スプートニクがこの記事を流したことは事実でしょう。これは……」

と切り返そうとすると、シモニャンは質問を遮った。

「いつ、誰が、誰について、何について報じて、どんな批判があるのか、詳細な証拠のないものについては話したくはないわ」

ＲＴはロシアが欧米と対立する問題でロシア政府の言い分に沿った報道を展開しながら、ロシア寄りの欧米の政治家や「専門家」らを熱心に取り上げ、欧米の政治社会問題を巡って偏った見方を押し出していると批判される。私の印象も同じだった。これをＲＴは「別の視点」とうたっている。

「では質問を変えましょう。あなた方が掲げる〝別の視点〟とはどういう意味でしょう。とにかく主要メディアとは異なる視点、論調で報じるということですか」

シモニャンは、15年4月にアメリカ大統領オバマが主催した恒例のホワイトハウスの記者との晩餐会に出席した時のことを例に挙げて説明した。当日はワシントンに近いボルチモアで警察への抗議デモがあったにもかかわらず、ＣＮＮはこれを完全に無視し、晩餐会ばかりを報道したと指摘した。

「主要メディアを分析して、みな画一的な報道しかしていないことが分かった。人々はそんなメディアにもう飽き飽きしているのよ。私たちは主要メディアが無視していること、人々の関心が高い、興味深いニュースを取り上げている。もしCNNがボルチモアのデモのような出来事をちゃんと報道すれば、私たちはアメリカで視聴者をつかむことはできなかったでしょう。なぜ〝別の視点〟を怖がるのかしら。同じことばかり報道していることに気づかないなんて。狂っているのはどちらかしら」

シモニャンは16年のアメリカ大統領選挙へのロシアの介入についても、同じ論法で否定した。

「取材に来たアメリカのテレビ記者が、ロシアは大統領選に介入したと言うから、証拠は見たのかと聞き返したの。そうしたら情報機関がそう言っているからって答えたのよ。主要メディアはなぜ、イラクが大量破壊兵器を保有しているとウソをついた情報機関の言うことを信じるのかしら。特にアメリカメディアは情報機関の広報に成り下がっているわ。〝別の視点〟がなければ、イラク戦争のように世界は再び間違いを起こすことになるでしょう」

そこで私はこんな質問をしてみた。

「RTの運営資金はロシア政府の予算から出ていますよね。そしてロシア政府の主張と関心に従って報道していると批判されています。ロシア政府への資金依存は編集方針にどう影響していますか」

シモニャンの顔色が変わったのが分かった。

「NHKも公営で、しかも会長は首相に任命されている（注　首相が任命する経営委員が会長を任命する）でしょう。NHKの編集方針にそれが影響しているかと問われれば、あなたはノーと答えるでしょう。なぜ自分たちの方が優れていると考えるの。BBC（英公営放送局）もまったく同じ質問をしてきた。CBSもCNNもまるで判で押したように同じことを聞く。あなた方は自分を自由で独立していると考えているけど、驚くほど画一的なのよ。私たちは少なくとも同じ質問はしない」

いら立っているのが手に取るように分かった。

メディアの中立性を問うと、シモニャンは「客観的な報道はない」と言い切った。

「客観的になろうとしても、記者はそれぞれ自分の生い立ちや考え方を背負っている。ロシアが大統領選に介入したとアメリカ政府が主張し、ロシア政府が否定したら、どちらを信じるかという話よ」

ということは、RTの報道が仕掛けるのはやはりロシアメディアが言い立てる欧米との「情報戦争」なのか。シモニャンの答えはこうだ。

「あなた、この言葉を誰が使い始めたのか調べたの。私は遅くとも2008年には西側の記者がこの言葉を使うのを聞いたわ。これをロシアに押しつけたのは西側メディアの方でしょう。そしてあたかも私たちが（情報戦争を）始めたかのように聞いてくる。私はそんなもの望んでいない」

そして吐き捨てるように言った。

「私はもう10年も前からあなた方が自由だとも、独立しているとも、公平だとも思うことを止めたの。私はあなたがこれから何を質問するか分かるわ。そしてどんな記事を書くかもね。何を書かれようが気にしない」

「2008年」はNATO加盟を目指すジョージアにロシアが侵攻し、欧米と対立が深まった年だ。発足当初はロシア国内のニュースやドキュメンタリーを世界に発信する構想だったRTは、世界のメディアがロシアを一斉に非難したジョージア侵攻をきっかけに海外展開を加速していった。

ロシア色を薄れさせるためか、09年に「ロシアトゥデー」から「RT」に改称。同年、スペイン語放送を開始し、10年にアメリカ、14年にイギリス、17年にフランスでチャンネルを開局した。海外の視聴者を拡大するために、政府の機密情報を公開するヴィキリークスの主宰者ジュリアン・アサンジを一時番組に登用したり、CNNの看板司会者だったラリー・キングを引き抜いたりした。

ロシアの空爆によって多くの市民の犠牲が出ているシリア内戦への介入の問題をふっかけてみると、激しいやり取りになった。

――ロシアのシリアへの軍事介入を巡っては、どんな〝別の視点〟を持っているのでしょうか。説明してください。

「シリアやイラク、イスラム国（ＩＳ）への軍事行動について、米軍とロシア軍に対する主要メディアの扱いはまったく異なっているわ。ＣＮＮは昨日、子供が泣いている映像にロシアがシリアを再び空爆したというキャプションを付けて一日中流していた。私たちは週に１回、米軍主導の連合軍によって引き起こされたイラクの悲劇を追う番組を放映しているの。主要メディアはそんなことは一切報道せずに、ロシアばかりを悪者扱いしているでしょう。先日は連合軍が勝利宣言してから７カ月後に路上に遺体が転がっていた事実を報道した。この写真を見てみなさい（と携帯電話を開き、米軍に殺害されたという無残な遺体の写真を見せる）」

――米軍は少なくともシリアでの誤爆により民間人を犠牲にしたことを認めました。我々も、主要メディアもそれをきっちり報道しています。

「主要メディアは米軍についてネガティブな面を１％しか報じていない。ロシアの失敗は何でもかんでも取り上げるくせに」

――イラク戦争で犯した過ちも、主要メディアは報じ、当時のブッシュ政権を厳しく批判していますよ。

「シリアでのロシア軍の行動とイラクでの連合軍の行動についての報道を比較してみなさい。主要メディアはイラクでの残虐行為は報道していない。ほら、この写真を見てみなさい……どうせ関心はないのでしょう」

――ロシア軍の空爆によりシリア市民が犠牲になっている事実をRTが伝えているといえますか。

「たくさん報道しているわ。とにかくこれ（写真）をまずきちんと報じなさい。そこであなたは初めて私に質問する資格ができる。いいわね」

彼女はそう言い放つと、こちらを振り返らずにオフィスを出た。

想像した通り、議論がまったくかみ合わない。ロシアの反対を無視して米欧が強行したイラク戦争やリビアへの軍事介入、NATO拡大などについて、ことあるごとに怒りをあらわにするプーチンの欧米に対する恨み節と似たものを感じた。シモニャンの「主要メディアは画一」という主張に少しやり込められたような悔しさも残った。

ロシアは主要メディアを欧米政府の情報戦の担い手とみなしている。もう1人、冒頭で紹介した取材することがかなわなかった「クレムリンのプロパガンダ部長」、キセリョフは、16年にBBCのインタビューに応じ、シモニャンよりも明確にこう言い切っている。[3]

「私をプロパガンダと呼ぶならば、あなた方もプロパガンダだ。我々は同僚といえる。中立報道の時代は終わったのだよ」

3.「煙幕、煙幕、煙幕」

マレーシア機撃墜事件

ロシアのプロパガンダの手法を知るうえで格好の教材がある。2020年3月にオランダで公判が始まったマレーシア航空機MH17便の撃墜事件を巡る報道だ。

オランダの首都アムステルダムからマレーシアのクアラルンプールに向かっていたMH17は14年7月17日、ウクライナ東部の上空で撃ち落とされた。オランダやマレーシア、オーストラリアなど10カ国298人の乗客乗務員が全員死亡した。

事件発生時、私はモスクワに赴任する前で、この大惨事を東京のオフィスで知った。現場が戦争状態にあり、ロシアの軍事支援を受ける武装集団の支配地域だったこと、ロシア製ミサイルでウクライナ軍機が過去に撃ち落とされていたことから、私はすぐにウクライナ軍機と誤って攻撃を仕掛けたのではないかと推測した。

間もなく、やはりロシア軍の地対空ミサイル「Buk」が発射されたとの見方が浮上し、ロシア側は政府とメディアが一体となって情報戦に乗り出す[4]。

ロシアの反論は矛盾していた。ロシア国防省は事件から4日後の記者会見で、

①ウクライナの戦闘機がMH17の近くを飛行していた

②（事件後に出回った）Bukを写した現場周辺の映像は武装集団の支配地域ではなく、ウクライナ側の支配地域だった

③ウクライナ軍のBukが撃墜事件直前に事件現場近くに移動していた

などと主張した。証拠として示された現地の映像やサテライト画像、レーダー情報は後にいずれも虚偽であったことが証明されるか、ロシア側が取り下げている。

政府関係者からも一貫性に欠けた発言が相次いだ。

国防省高官は、「カルロスという名のスペインの管制官はウクライナ戦闘機2機がMH17の近くを飛行しているのをレーダーで確認した」と真偽不明の情報を披露。駐マレーシア・ロシア大使は「ウクライナのパイロットはプーチン大統領の飛行機を狙っていたのかもしれない」との臆測を発した。

ロシア政府系メディアはこうした政府の見解を熱心に伝えながら、ロシア国防省が示した

ウクライナ戦闘機による撃墜説と、ウクライナ軍のBukによる撃墜説の両方を後押しする報道を次々に打ち出した。日本メディアにもロシアの情報を転電したものが見られた。

MH17を撃墜したウクライナ軍パイロットを名指しした「証人」を発見したとの報道がある一方で、ウクライナ軍のBukが発射されたとロシア国防省が主張した地域で、ウクライナ軍が展開されるのを見たとするウクライナ住民の「目撃談」も流された。ウクライナ軍のBukによる撃墜をレーダーで確認したと主張するウクライナ軍人の「証言」も飛び出した。さらにロシア寄りの見解を持つヨーロッパ各国の専門家らのコメントを報道の随所にはさむ。

RTは事件から1年後の15年7月、「真実なき1年」という番組を放送している[5]。現地の「目撃者」のほか、ドイツなどの「専門家」らが登場し、「Bukによる撃墜とは考えられない」「戦場上空の飛行を認めたウクライナ政府に責任がある」といった主張を展開した。

嫌米で知られるマレーシアの元首相マハティール・ビン・モハマドも出演しており、「アメリカは事件直後すぐにロシアを非難した」「証拠がない」「調査が客観的とは思えない」などと語った。

この時までには、第一章で紹介した調査グループ、ベリングキャットが1つ1つロシア政府の虚偽を暴いていた。ネット上で公開された画像情報に基づいて、ロシアの支援を受ける親ロ派武装集団が事件当日、「Buk」を展開していたことも突き止めていた。ロシアが撃墜に関与した疑いが固まっていくなかで、ＲＴの反論はどう見ても説得力を欠いていた。

事件の犠牲者はオランダ人が１９３人と最も多く、次いでマレーシア人が43人。ＲＴの番組は、特にマレーシア人の遺族らを多く取り上げていた。西側の見方がロシアの関与でほぼ固まるなかで、事件を調査する国際合同捜査チーム（ＪＩＴ）に参加するマレーシアを取り込もうとする意図も感じられた。

驚かされたのはBukの製造会社アルマズ・アンテイによる派手なパフォーマンスだ。Bukのミサイルや本物の飛行機の機体の一部を使った「史上前例のない実験」を15年に公開し、「Bukミサイルは現在のロシア軍にはない古い型だった」「ＭＨ17は親ロ武装集団の支配地域ではなく、ウクライナ軍の駐留地域から撃墜された」とする結果を発表した。公開された実験の画像は音楽が挿入され、爆発場面を繰り返して流すなど、劇的な演出を施してあった。

プーチン政権によるクリミア併合の熱狂とプロパガンダが功を奏し、独立世論調査会社レバダセンターの14年7月時点の調査によれば、ロシア国民の8割超が「ウクライナ軍がＭＨ17を撃墜した」と回答している。[6] そもそもプーチン政権はウクライナ東部に軍事介入している事実を否認している。ウクライナや欧米を敵視するプロパガンダはロシア社会に深く浸透していた。

そしてついに事件から4年近くを経た18年5月、オランダなど5カ国で構成するＪＩＴは、ロシア南西部クルスクを拠点とするロシア軍第53対空ミサイル旅団からウクライナ東部に搬入されたBukによりＭＨ17は撃墜された、と断定した。ロシアから軍事支援を受けるウクライナ東部の武装集団がウクライナ軍機と誤って実行した可能性が高いとしている。ＪＩＴは19年6月、ロシアの軍や情報機関の関係者ら4人を殺人罪で起訴すると発表した。

ＪＩＴなどの調査は衛星画像とレーダーのデータ、Bukがロシアから持ち込まれたことを示す画像、現地の目撃証言、傍受された通信記録などの証拠に基づいている。それまでに独自調査を発表してきたベリングキャットが大きく貢献をした。

ＲＴやスプートニクはそれでも、「ロシアの攻撃とする根拠が示されていない」「レーダー情報などロシアが提出した証拠は無視された」「ロシアは調査から外されている」といった報道を続けている。

プロパガンダやネット世論の情報工作の一連の取材で、私が16年にインタビューしたＮＡＴＯ関係者はＭＨ17事件を巡るロシアの対応について、こう解説をした。

「陰謀論やあらゆる説を流しまくって、真実を見えなくする典型的なプロパガンダの手法といえる。明らかな偽装だろうと、主張が矛盾していようとお構いなしだ。ソ連時代から変わらない。ミスを犯した時のロシアの対策はとにかく煙幕、煙幕、煙幕だ」

「真実などない」

私が取材を続けながら調べたプロパガンダの例は断片にすぎない。大学の研究所やシンクタンクが計量的にロシアの対外プロパガンダを分析してくれないかと思っていたところ、ロンドン大学の一角を占めるキングス・カレッジ・ロンドンがRTとスプートニクの英語記事の調査報告を19年3月に発表した[7]。

17年の5月と6月、18年3月にRTとスプートニクのウェブサイト上に発信された1万1819本の英語の記事の内容を精査し、

①不都合な真実を隠すためのダメージコントロール
②ロシアの優位性の誇示
③欧米社会の分断による政治混乱の誘発

という3つの狙いに分類して精査している。

18年3月に起きたロシア人元スパイの毒殺未遂事件の報道はダメージコントロールの典型例といえる。調査によれば、事件発生から4週間の間に735の記事が発信され、そのうち

138本はそれぞれ矛盾する陰謀論などを展開していた。ロシア政府関係者の発言のほか、ロシア人以外の識者らのコメントも引用し、「ロシアをおとしめるためにイギリス当局が仕組んだ」「事件そのものがでっち上げの可能性がある」とまで報じられた。「ロシアは協力しようとしているのに、西側は拒否している」「証拠は何も示されていない」といった論調を含めて、MH17撃墜事件を巡るプロパガンダとほとんど重なる。

617本の記事はロシアが敵視するNATOを攻撃する内容だった。加盟国拡大や地域安定に脅威をもたらしているといった批判の反面で、同盟は分裂し、弱体化しているとも報じる。ロシアの軍事増強を正当化し、軍事面でのロシアの優位性を強調するものが目立ったという。イギリスでは、国内のタブロイド紙がRTやスプートニクの軍事情報を転電し、それが拡散されていた。

欧米の国内問題に関する2461本の記事の8割以上は各国の政治が機能不全に陥っているとの論調だった。イギリスに関する記事の9割は政府の失策、移民問題などによる社会分裂を強調。アメリカの記事の大半も犯罪や政府機関の失敗に向けられ、ドイツに関しては移民と犯罪の問題に焦点を当てた記事が目立ったという。これはアメリカ大統領選への介入で駆使された手法にほかならない。

やはり数字で見るとインパクトがあるが、この調査だけではロシアのプロパガンダの影響を測りきれない面がある。直接に外国の住民に訴えるＲＴやスプートニクだけでなく、ロシア国民に向けられた国内メディアのプロパガンダ情報も転電という形で海外に発信されている。そして何よりもロシアは、ソーシャルメディアをプロパガンダやフェイクニュースの増幅装置として位置付けているからだ。

ＲＴ編集長のシモニャンでさえ私の取材に対して、「私が引退する前にテレビは消えるでしょう。ソーシャルメディアが唯一の情報源になる可能性がある」との見方を示した。ＲＴは当時ユーチューブで、世界で１００万人の視聴者を獲得していると喧伝(けんでん)していた。クレムリンは、国内向けと対外発信のメディア、ソーシャルメディアを組み合わせた情報工作を早くから意識してきた。欧米社会を分裂させ、混乱させることを狙ったロシアの工作のテストケースといわれるのは16年1月にドイツで起きた「リサ事件」だ。

ロシア国営第1チャンネルが、ロシア系の13歳の少女リサが「複数の移民に拉致(らち)されて暴行を受けた」と報道した。これをスプートニクがドイツ語で転電し、ソーシャルメディアで事件が拡散された結果、ロシア系住民や反移民の極右グループがベルリンで抗議デモに訴える騒ぎに発展した。ロシア外相セルゲイ・ラブロフも2度にわたって公の場でこのリサ事件に言及して混乱をあおった。

この事件はその後のドイツ警察当局の捜査で、事実無根のでっち上げだったことが判明した。移民受け入れ政策で批判を浴びていたメルケル政権を揺さぶる狙いだったと見られている。これに味を占めたロシアは、フェイクニュースによる情報戦の手を広げていくことになる。その当時、私はそこまで考えが及ばなかったが、偽ニュースに警鐘を鳴らす記事にこの事例を盛り込んだのを覚えている。

シモニャンとのインタビューで質問した17年のフランス大統領選でのマクロンに対するネガティブな報道も、ソーシャルメディアが効果を上げた。スプートニクが同年2月4日付けで「とても裕福な同性愛者が彼（マクロン）を支援している。それがすべてを物語っている」と発言したフランスのある政治家のインタビューを英語やフランス語で流し、「マクロン同性愛者説」が一気に広がった[8]。

ドイツの調査会社ＵＮＩＣＥＰＴＡによると[9]、数日のうちにソーシャルメディア、テレビ、新聞、ブログなど1万7000以上の媒体が「同性愛者説」を転電していた。その過程で出所がスプートニクの記事であることは分からなくなり、風評だけが一人歩きし、マクロンが公式の場で否定する事態へと展開した。

これに対し、欧米では17～18年にかけて、ＲＴやスプートニクの規制を模索する動きが活発になった。フランスのマクロンは、事実と異なる「フェイクニュースから民主主義を守る法制度を導入する」と表明し、ウソや風評を流すメディアに対する規律当局（CSA）の権限を強め、放送停止措置などを取ることを検討するとした。

イギリスも安全保障の枠組みでフェイクニュース対策部隊を創設すると発表した。監督機関である通信情報庁（Ofcom）はスクリパリ事件を巡るRTの報道に対し、繰り返し警告を発している。

シモニャンらは、「報道の自由」の原則を盾に「RTへの圧力」に激しく反発した。国主導の対策については、欧米各国内でも報道の自由をゆがめかねないとの反対意見が根強い。欧米専門家の意見は「国民が自ら判断するメディア・リテラシーを高めるしか対策はない」というものだ。

ロシアのテレビ局でプロデューサーとして働いた経験のあるピーター・ポメランツェフが書いた本のタイトルがロシアのプロパガンダ戦略の本質を言い当てている。

“Nothing is true and everything is possible”（真実などない。何でも可能だ[10]）。

アメリカ大統領トランプがそもそも自分に都合の悪いニュースを「フェイク」と切り捨て、主要メディアを攻撃し、自ら事実と異なる情報を発信してきた。トランプら欧米のポピュリズム指導者の危うい言動も相まって、ロシアのプロパガンダの論理は自由社会を蝕んでいく。

第六章　サイバー攻撃の現場

1. ウクライナが実験場

インフラ麻痺

2017年6月27日、ウクライナ大統領府で安全保障を担う副長官ディミトロ・シムキウのもとに報告が入った。

「国中の公共機関でコンピューターのウイルス感染が広がっています」

彼は直ちに各省庁のIT（情報技術）専門部隊に警告を発し、感染拡大の阻止に動いた。

シムキウは当初、17年5月に150カ国を混乱に陥れたコンピューター・ウイルスWannaCryのような世界規模で身代金を狙う「ランサムウェア」の攻撃を想起した。欧米やロシアでも被害が報告されていたためだ。ところがふたを開けると、被害の大半はウクライナに集中していた。

この日はウクライナ憲法記念日の前日だった。初期の段階で政府・企業のコンピューターの10％が感染し、空港から電力会社、携帯電話会社にいたるまで社会インフラが打撃を受けた。一部では、クレジットカード決済が不能となり、3000の銀行店舗が一時閉鎖に追い込まれた。ソ連体制下の1986年に大事故が起きたチェルノブイリ原子力発電所の放射線監視システムの一部も停止する事態に発展した。

私がウクライナの首都キエフの大統領府でシムキウに取材したのは、事件から3カ月後のことだ。彼とは16年に、あるコンファレンスで面識ができ、旧知の大統領府広報官に正式に取材をセットしてもらった。マイクロソフト社のウクライナ現地法人の社長から副長官に30代で抜擢(ばってき)されたシムキウは、冷静沈着、一貫して論理的に語る男だ。サイバー攻撃についても感情を抑えた分析を披露してくれた。

ウクライナ大統領府副長官ディミトロ・シムキウ。経済・社会改革も担当した

「我々の調査で浮かんだのは40万の政府機関・企業と税務当局を結ぶ会計システム『M・E・DOC』のハッキングを起点とした攻撃だ。17年4月からネットワークに不正侵入されて、金融データが盗まれ、悪意のあるウイルスが仕掛けられていた。データがあらかた消去されてしまったから、どれだけの情報が盗まれたかは知るよしもない。はっきりして

いるのは今回の攻撃は多くの人が考えていたような（身代金と引き換えにデータを復旧させる）ランサムウェアではないということだ。狙いはウクライナへの攻撃だ」

米国土安全保障省などの推計によれば、NotPetyaと呼ばれたこのウイルスは世界65カ国に及び、被害総額は100億ドル規模に上っている。ウクライナだけでなく、世界各国で被害が出ているのはなぜなのか。そう疑問をぶつけると、シムキウは明快に答えた。

「ハッカーの標的はあくまでウクライナで、他の国には、ウクライナに拠点を置く企業の仮想プライベートネットワーク（VPN）を通じてウイルスが波及した、というのが我々の結論だ」

取材の時点で、ウクライナ政府は自国の被害を掌握しきれていなかった。民間企業ではコンピューター基盤の8割超が失われたところもあり、1カ月以上にわたりペーパーワークを強いられた。政府機関でも復旧に2〜3週間を要したという。

「ウクライナの企業や政府機関の金融情報やインフラの破壊に関心がある国が世界にどれだけあるだろうか」

シムキウは一呼吸おいて、自問自答するように語った。

「ウクライナに敵対的な国は1つしかない……ロシアだ」

隙のない明晰（めいせき）な語り口にこちらも思わずうなずいた。

ウクライナではロシアの侵攻と並行してサイバー攻撃の被害が相次いでいた。14年のロシア軍部隊のクリミア半島侵攻の際には政府のサーバーや携帯電話が麻痺(まひ)し、その年の大統領選の直前には中央選挙管理委員会のシステムがハッキングされた。首都キエフの交通機関や電力会社も何度も標的になっている。

「ロシアはクリミア半島を武力により併合し、いまも我が国東部への攻撃を続けており、経済的にもあらゆる手段で圧力を加えてきているのは君も知っての通りだ。サイバー空間は彼らにとってもう1つの攻撃の空間ということだ」

そう、シムキウは主張した。

そして、少し感情的に訴えた。

「これは決してウクライナだけの問題ではないぞ」

システムに侵入して情報を盗んだり、身代金を要求するランサムウェアを仕掛けたりするハッキングと比べ、社会基盤への攻撃は明らかに一線を越えている。ウクライナはサイバー戦の最前線になっている——。シムキウへの取材でそう確信した私は、遅まきながら同国へのハッカー攻撃をたどって取材することにした。

世界初のサイバー停電

世界初となる電力会社へのサイバー攻撃は、15年にウクライナ西部イワノフランキフスク州で起きている。私は18年1月、この事件の現場から掘り起こしてみた。

モスクワからベラルーシの首都ミンスクを経由してキエフ、そしてイワノフランキフスクへと飛行機を2度乗り継ぎ、7時間近くかけて州の電力供給を担う電力会社プリカルパッチャオブルエネルゴの本部を訪れた。

イワノフランキフスク州を含むウクライナ西部は1939年にソ連が侵攻するまで、ポーランドやオーストリア・ハンガリー帝国に属していた地域であり、中心部の街並みはヨーロッパ風の趣がある。これとは対照的に、街外れに位置する電力会社の周辺は旧ソ連時代の集合住宅が目立った。

プリカルパッチャオブルエネルゴ社に着くと、私は中央制御室に案内され、そこで事件当日に現場を仕切った副部長ボグダン・ソイチュクを紹介された。広い部屋の壁一面に送電網が描かれており、その対面に配備されたコンピューターに何人か作業員が向かっていた。

「あの日、この部屋は本当にパニックでしたよ」
ソイチュクが事件の様子を丁寧に説明してくれた。

世界で初めてサイバー攻撃により停電が起きたウクライナの電力会社の中央制御室。送電を管理するコンピューター上でカーソルが勝手に動き出した

「忘れもしません。15年12月17日午後4時26分、日中シフトの従業員が帰り支度を始めたころでした。各地の変電所から一斉にシステム障害の報告が入ったのです。送電を管理するコンピューター画面上でカーソルが勝手に動き出して、送電停止のスイッチが次々にクリックされていった。作業員が慌ててマウスでカーソルをコントロールしようとしても操作が効かない。緊急用のシステムも作動せず、瞬く間に州内１３０の変電所のうち22のブレーカーが落とされました」

　電力会社本部の上層部や国のサイバー防衛を担うＳＢＵ（ウクライナ保安庁）と連絡を何度か取り、15分後にはコンピューターシステムをすべて落とし、手動操作に切り替える決定が下された。変電所130カ所すべてに作業員を急行させ、手作業でなんとか電力供給を復旧した。気温氷点下の中で23万人の住民が最大で6時間、停電に見舞われたという。

「(ロシアが支援する武装集団との戦闘が続くウクライナ)東部の情勢もあり、システムが乗っ取られたと誰もがすぐに確信しました。だから、素早く対応できたのです」

ソイチュクは自動化が遅れていたため、手動切り替えが迅速にできたことが「不幸中の幸いだった」とも付け加えた。

「高度なシステムを持つ日本やアメリカが攻撃されたらどうなるか、私には想像もつきません」

ウクライナではその1年後の16年暮れにも、電力会社ウクレエネルゴの送電システムがサイバー攻撃を受け、首都キエフ周辺が大規模な停電に陥っている。

私はイワノフランキフスク州の取材の後、空路で1時間半、キエフに引き返し、サイバーセキュリティー大手ISSP社に向かった。16年のウクレエネルゴ社の事件を含むウクライナで起きた複数のサイバー攻撃の調査・分析に関わった同社の技術者、オレクシー・ヤシンスキーに会うためだ。地元メディアに彼の発言が取り上げられているのを見て、事前に取材アポを取り付けていた。

ＩＴ企業らしくモダンなオフィスに入ると、ド素人の私が果たして専門家の話についていけるだろうかと緊張してきた。少しして現れたヤシンスキーは人の好さそうな感じで握手を求めてきたので、ホッとした。若々しく、20代に見えたが、実は20年以上のキャリアを持つという。

サイバーセキュリティー大手ISSP社のオレクシー・ヤシンスキー。机いっぱいに自前のシステム図を広げて解説してくれた

「その時、私は（アメリカによる情報収集活動の実態を告発した元米国家安全保障局員エドワード・スノーデンを描いた）映画『スノーデン』を家族と見ていました。０時きっかりに停電になった瞬間、サイバー攻撃だと直感し、大変なことになると思いました」

ヤシンスキーは硬い雰囲気をほぐすようにこんなエピソードを交え、自ら作成したという網の目のようなシステム図を机いっぱいに広げて解説してくれた。

電力会社のシステムはつながっている。ハッカーは、15年に攻撃したイワノフランキフスク州のプリカルパッチャオブルエネルゴ社のコンピューターに残した「バックドア」(外部から不正侵入する裏口)からウクレエネルゴ社のコンピューターに入り込み、システム内を探索し、ファイアウォールを1つ1つ突破して制御システムの中枢に到達していた。

遠隔操作で1つ1つブレーカーが落とされていったイワノフランキフスク州の事件と比べると、手口は格段に進歩していた。ウクレエネルゴ社の攻撃では、ハッカーがコンピューター制御システム(SCADA)に入り、深夜0時に電力供給を停止するよう時限装置をセットしていたのだという。停電と同時にコールセンターに一斉に自動電話が掛けられ、顧客への対応を妨害する工作もあった。

少々難解な技術的な解説のあと、ヤシンスキーはこう指摘した。

「これは数カ月間、朝から夕方まで勤務して行うような作業です。停電を引き起こしても、利益はありません。国家が背後にいるとしか考えられませんよ」

「ロシアでしょう」

すかさず私が問うと、技術者らしく断定を避けた。

「ウクレエネルゴのハッキング経路をたどると、シンガポールやオランダ、ルーマニアなどのサーバーのＩＰアドレスが浮上しましたが、これには意味はありません。ハッカーは世界のどこでも経由することができるのです。技術面だけでは攻撃の発信元の特定はできないのです」

ここからヤシンスキーは少し神妙な表情で語った。

「私は今回のことを、他国も想定した攻撃を試すための実験、もしくはハッカーの訓練の場に使われたと考えています。ウクライナはＮＡＴＯに加盟していないため、派手な攻撃をしても欧米から反撃されるリスクは小さいからです。17年は本当に最悪の年でした。（インフラ麻痺につながった）コンピューター・ウイルスNotPetyaによる攻撃は〝実験の総仕上げ〟だったと思います」

ヤシンスキーによれば、17年の攻撃には解けていないなぞが多いのだという。問題は大統領府副長官シムキウも指摘していた攻撃の起点、会計システム「Ｍ・Ｅ・ＤＯＣ」への侵入でハッカーが一体どんな細工をしたのかという点だ。不思議なことに一部のシステムインフラは破壊を免れたという。

「もしスリーピング・エージェント（不活動のスパイウェア）が仕掛けられていれば、ハッカーはいつでもシステム内に戻ることができるということです。NotPetyaが世界65カ国に伝染したということは、ウクライナが欧米のシステムに侵入する『バックドア』にもなりえます」

そんなヤシンスキーの熱心な訴えはサイバー分野に素人の私にも伝わってきた。ウクライナへの攻撃は欧米に対する示威行為といえる面もあるのではないかとも感じた。しかし17年以降、不気味なことにウクライナに対する目立ったハッカー攻撃は起きていない。やはり「実験」は完了し、本格的な攻撃をいつでも再開できるということなのかもしれない。

欧米当局が、一連のインフラ攻撃を自らへの警告と受け取ったことは間違いない。アメリカやイギリスなどは専門家チームをウクライナに派遣して調査に乗り出し、2度の発電所攻撃もNotPetyaもそれぞれロシアによる犯行と断定した。

私が後日取材したＮＡＴＯ関係者の解説によれば、サイバー攻撃はＩＰアドレスからは特定が困難なものの、過去の攻撃パターンの分析や攻撃の背景にある政治的な動機が、判断のカギとなる。それを公表するのは相手へのけん制の狙いがあるという。欧米のサイバーセキュリティー会社はウクライナへの攻撃は、ＧＲＵ（ロシア連邦軍参謀本部情報総局）傘下のハッカー集団「サンドワーム」などが実行したとの見方を示している。

アメリカなどがウクライナのサイバー防衛支援に乗り出したのは自らの防衛のために手口を検証する作業でもあるのだろう。マイクロソフトやシスコなどＩＴ各社やサイバーセキュリティー会社もウクライナの拠点を拡大し、調査・分析に取り組んでいた。キエフで起きたことはベルリンでもニューヨークでも起こりえるからだ。

ウクライナは実験場――これはサイバー攻撃に限ったことではない。大統領府副長官シムキウは2014年からウクライナを襲ったロシア発のプロパガンダとソーシャルメディアを通じた情報工作についてアメリカ政府に一度、警鐘を鳴らしていたと私に明かした。ロシアはそれをアメリカ大統領選への介入でも見事に実行してみせた。ウクライナでは情報機関幹部らの暗殺事件も繰り返し起きている。

2. 元KGB・元ハッカー

ハッキングは簡単だ

サイバー攻撃を含むロシアの工作活動について、私がロシア側の情報源としていた人物が1人いる。その男、Kは元KGB（ソ連国家保安委員会）職員で元ハッカー、いまはサイバーセキュリティーの会社を運営している。

独立系ロシアメディアの記者に紹介してもらい、Kに初めて会ったのは16年9月。オフィスはモスクワ中心部外れの集合住宅の中にあった。1階の薄暗い部屋に通され、窓を背に座ったKと対面すると、その表情は読みづらく、私はまるで、これからKGBで尋問されるかのようなおどろおどろしい雰囲気を感じた。

この時の取材で私が探りたかったのは、16年6月に発覚したアメリカの民主党全国委員会（DNC）システムへのサイバー攻撃の真相だった。ヒラリー・クリントンが民主党全国大会で正式に大統領候補に選出される直前の7月に、民主党の機密メールが内部告発サイトのウィキリークスを通じてばらまかれている。大統領選に影響を与えるためにロシアが工作したとの疑惑が深まっていた。

雑談から入るような雰囲気ではなく、Kにはストレートに質問した方が良いと感じ、ロシアがサイバー攻撃でアメリカ政治に介入したと思うかどうか単刀直入に聞いてみた。するとKは、

「アメリカの政府や政党機関はまったくの無防備で、誰でも1週間も訓練すれば簡単にハッキングできるさ」

と挑発的な答えを返した。

「サイバー空間では誰の攻撃か100％の証拠をつかむことは不可能だ。そもそもサイバー空間の活動の8～9割は金目当ての犯罪組織によるもので、（国家の）サイバー戦は10％に過ぎない。もちろんロシアも主要プレーヤーとして活動しているがね」

ロシアのサイバー部隊の実態について尋ねると、Kはあっけらかんと答えた。

「当然、ＦＳＢもＧＲＵも傘下にサイバー部隊を擁し、それぞれ活動しているさ。競い合っているといってもよい。プーチン政権は現代の戦いの主流は情報戦とサイバー戦だと認識している。サイバー大国であるために、工作員を訓練し、手法をテストし、実戦に備えるということだ。洗練された技術を持つ犯罪集団のハッカーたちも（国家の工作の）戦力にしている」

Ｋによれば、ＦＳＢなどは犯罪行為により検挙されたハッカー集団のメンバーを処罰せずに工作要員としてリクルートしたり、カネで雇ったりしているのだという。ＦＳＢは現実空間の工作でも犯罪組織を活用しているのだから、私にとってもそこに驚きはなかった。

ロシアが軍事行動とサイバー攻撃、情報工作を組み合わせているウクライナでの戦争に話を向けてみた。

「ロシアは攻撃をしたいわけではないのだ。ＮＡＴＯが東欧に拡大し、我々に迫ってきているのだから、自らを守るのは当然だろう。（ＮＡＴＯに加盟させないために）ウクライナを弱体化させるのはロシアの戦略に適っている」

「それは冷戦的な考え方ですね」

と私が突っ込むと、

「君らはなぜそちら側からしか見ないのだ」

とKは少し声を荒らげた。そして、10年のイランの核関連施設へのサイバー攻撃を持ち出した。「スタックスネット」と呼ばれるコンピューター・ウイルスにより遠心分離機が稼働不能に陥り、イランの核開発を大幅に遅らせたとされる事件だ。開発したのはアメリカとイスラエルと見られており、ロシアをはじめ各国がサイバー能力のてこ入れに動くきっかけになったとされる。

「プーチンは第一にアメリカと中国に並ぶ3大大国の地位を維持しようとしている。サイバー戦力でも大国であらねばならない。そしてプーチンは政権内と地方を自らの側近たちで固めてとにかく国内の安定を図ろうとしている。私は大統領のやり方に全面的に賛成だ」

私は脱線するのも構わず、思わず反論した。

「安定という名の下にプーチン周辺の汚職がまん延し、経済は停滞していますよね。大国維持のためにジョージアやウクライナに侵攻してナショナリズムをあおっても、国民の暮らしは良くなっていません」

Kも熱くなってきた。

「経済の問題はおまえに言われなくても分かっている。しかし、アメリカが政権を転覆させた国の例がいくつあると思う。ロシアは圧力を受けており、中央集権が必要なのだ。外国の軍門に下ることは決してありえない」

ここから話はサイバー攻撃から大きく横道にそれていった。

「ジョージアやウクライナが欧米への統合を目指すのは、ロシアの体制に魅力がないからでしょう。両国がNATO加盟に傾くのはロシアが拳を振り上げるからではないですか」

「それはアメリカの工作のせいだ」

かみ合わないまま取材は終わった。時間にして1時間ほどだったが、気を張っていたからかずいぶん長く感じた。外に出るとすっかり日が暮れていた。私は感情的になったやり取りを思い出して急に「サイバー攻撃されたらどうしよう」と不安になり、名刺を渡したことを後悔した。

Kの置きみやげ

私へのサイバー攻撃は幸いなことに杞憂に終わった。Kとはその後も接触を続け、FSBやGRUが絡んでいると見られる事件についてことあるごとに意見を聞きに行った。どう思っていたのか分からないが、私を受け入れてくれたようだ。こちらが尋ねるといつも返答してくれた。相いれない思想はともかく、KGB仕込みのKの見解には、私にとって思いもよらない発見が常にあった。

私は19年3月に日本に帰任することが決まった。そのことをKにメールで告げると、ランチに誘われた。２人でベトナム料理フォーをすすりながら、Ｋはサイバーセキュリティーのコンサルティングビジネスをアジアで展開する計画について語った。

「アメリカの独占は許さない」

ここでも冷戦思考の一面を見せたので、私は、

「また始まった」

と切り返して笑いを取った。餞別のつもりだったのか、Ｋはその時、ＦＳＢと協力していたというハッカーＰの連絡先をくれた。

ネットで調べてみると、Ｐは「アノニマス・インターナショナル（Anonymous International）」または「ハンプティ・ダンプティ（Humpty Dumpty）」として知られるハッカー集団のメンバーだった。ロシア独立系メディアＲＢＫによると、この組織のメンバーはＦＳＢの指示を受けて活動し、ロシア政府高官らのメールを盗んだ容疑により、16年に訴追されていた。

帰国まであまり時間がなかった。ソーシャルメディアで「サイバー空間で起きていることについてオフレコで話が聞きたい」とＰにメッセージを送ると、すぐに返答があった。

「私のことをどこで知ったのだ」

Ｋのことには触れずに「メディアで名前を見た」と返信すると、７分後にこんなメッセージが来た。

「君が書いた記事をネットでいくつか調べさせてもらった。君と接触することは私にとって有害だ。執行猶予を終え、ロシアを出国した後ならば多分話せる」

「3月末にはロシアを離れてしまう」と訴えると、「私も5月30日に出国し、ロシアには戻らないつもりだ。国外であれば喜んで会う」と返ってきた。

そこで19年の6月、そして9月にもメッセージを送ったが、Pはロシアを出国できていなかった。

実はPが訴追された背後には大きな事件が絡んでいる。

独立系メディアRBKやメドゥーサによれば、[1]ハンプティ・ダンプティのメンバーを工作活動にリクルートしたと目されるFSBの情報セキュリティーセンター幹部2人、そしてFSBと犯罪対策で協力していた情報セキュリティー会社カスペルスキー研究所の社員1人がアメリカ当局に機密情報を流した「国家反逆罪」により逮捕されている。ロシアメディアはこのFSB幹部がGRU工作員によるアメリカに対するサイバー攻撃に関する機密を同国に売り渡した可能性が取り沙汰されているとも伝えていた。FSBが競合するGRUに打撃を与える狙いだったとの説やFSB内部抗争説も浮上していたが、真相は闇の中だ。

Pに最後にコンタクトしたのは20年6月で、短いメッセージが届いた。

「勘弁してくれ。ごきげんよう」

やはり出国できていないのか。それとも再びＦＳＢの下でハッカー行為に及んでいるのかもしれない。その後、Ｐとの連絡は途絶え、ＦＳＢのサイバー工作を探る手掛かりは失われてしまった。

Ｋは取材でことあるごとに繰り返していた。

「ＦＳＢが絡む話は決して真実が明らかになることはない」

3．カスペルスキーの曇ったガラス

ロシア寄りの分析

そのＦＳＢ絡みで、ロシア屈指の情報セキュリティー会社カスペルスキー研究所を巡って17年にスキャンダルが持ち上がったことがある。カスペルスキー社のウイルス対策ソフトを通じて、ＦＳＢが米国家安全保障局（ＮＳＡ）職員の自宅のコンピューターから機密文書を盗んだ——。複数のアメリカメディアのこんな報道をきっかけに疑いが深まっていった。[2] カスペルスキー社のシステムに侵入して情報収集していたイスラエル情報機関が、システム内にＮＳＡの機密を発見し、アメリカ当局に通報したという。

トランプ政権はこの報道の後、17年9月に政府機関に対してカスペルスキー社の製品やサービスの使用を全面的に禁じ、アメリカの小売りの一部も販売を停止した。中国の通信機器大手、華為技術（ファーウェイ）が同国政府のスパイ活動に関与している疑いを掛けられたように、カスペルスキー社を巡ってもロシア当局と共謀しているとの懸念が強まったのだ。

同社は一体どう説明するのだろうか。17年に起きたNotPetyaなどによる世界的なサイバー攻撃を同社がどう分析しているのかにも関心があった。広報を通じてインタビューを申し込むと、最高経営責任者（CEO）ユージン・カスペルスキーが取材に応じると連絡が来た。

CEOのユージン・カスペルスキー。ロシア政府の絡む話題では、どこか歯切れが悪くなる印象を受けた

17年12月のことだ。

カスペルスキー社はモスクワ中心部からシェレメチエボ国際空港に向かう幹線道路沿いに位置し、オフィスのビルはひときわ目立つガラス張りになっている。同社のウイルス対策ソフトは、世界で4億台のコンピューターにインストールされているといわれる。

CEOのカスペルスキーはジーン

ズ姿で、シリコンバレーのIT企業の経営者のようないでたちで現れ、握手をしてきた。

「いやあ、世界中を飛び回っているんだ。今年は96回飛行機に乗った」

などとフランクな英語で話し始めた。

私はまず、17年に起きたサイバー攻撃をどう見ているのかを聞くことにした。その分析によって、カスペルスキーとロシア政府との距離感が測れるのではないかと思ったからだ。

カスペルスキーはウクライナを襲ったNotPetyaについて、こんな見解を示した。

「身代金目当ての犯罪集団の仕業だ。攻撃の背後に政府が絡んでいるとは私は思わないな。政府が狙うのは常に情報やデータであり、カネを盗んだりしないからね」

それでもNotPetyaが仕掛けられた会計システム「M・E・DOC」からはウクライナの政府機関や企業の情報が盗まれている。この点を指摘してみたが、「とにかく政府が絡む行動パターンとは異なっていた。ロシア政府が絡む典型的な行動とは断じて言えないよ」と譲らない。

ランサムウェアを装って政府であることを隠した可能性を聞くと、「政府であることを隠すためにカネを盗んだ事例はこれまでにない」とにべもない。

15年と16年に起きたウクライナの電力インフラへの攻撃についても、カスペルスキーはロシア政府がインフラシステムに長期間にわたり不正侵入していたと指摘しながら、送電を停止させたのは犯罪ハッカー集団だったとの見方を示した。

「しかし、犯罪集団が一文にもならない停電を仕掛ける動機は何ですか」

と突っ込むと、

「動機について発言するのは気が進まない。政治的にならざるを得ないからね。我々は技術者だから」

とはぐらかされた。

カスペルスキーは、ロシア政府機関がハッカー犯罪集団と関係していることを認めたが、ロシア政府が絡む話題ではどこか歯切れが悪くなる。「ロシアだけではないよ。例えば中国では……」といった具合にロシアから話をそらしたがっているように感じる場面が多々あった。

これまでに取材してきたウクライナ大統領府副長官のシムキウや、サイバーセキュリティー会社ＩＳＳＰのヤシンスキーの分析の方が明らかに説得力がある。

「共謀はでっちあげだ」

そこで私は本題に入った。

「ＮＳＡの機密情報を巡って一体、何が起きたのでしょうか」

カスペルスキーによれば、NSA職員が自宅でインストールしたマイクロソフトの海賊版ソフトウェアに仕掛けられた不正アクセスルートを通じて有害プログラムに感染したファイルを、カスペルスキー社のウイルス対策ソフトが検知し、同社のサーバーに自動転送されてきた。ファイルの中に「機密」と記された文書があるとの報告を受け、カスペルスキー自身が「直ちに廃棄するよう分析官に指示した」という。

カスペルスキー社からFSBに機密が流れたのかどうか、またはFSBからハッキングを受けた可能性があるのかを問うと、「調査に取り組んでいるが、痕跡（こんせき）は見つかっていない」と、機密情報がFSBの手に渡ったとの報道を否定した。

「（当局が介入すれば）1社だけでなく、この国の業界全体の信用に関わる問題に発展しかねないからね。ロシアのソフトウェアとサービスの輸出は、年間7億ドル（約780億円）に上る。ロシアにとって打撃になるということだ。FSBと我々の協力はサイバー犯罪の取り締まりに限られている。大阪の警察にサイバー犯罪対策で協力しているのと同じことをしているだけだ。アメリカはこの協力の事実を都合の良いように指摘し、メディアが（共謀を）でっち上げているのだ」

カスペルスキーは、ソ連時代にKGB傘下のアカデミーで教育を受け、情報将校として4年入隊していた経歴がある。米紙や独立系ロシアメディアはカスペルスキーの法律顧問を務めるイーゴリ・チェクノフは元ＫＧＢであり、ＦＳＢと関係していると指摘している。カスペルスキーはこの報道にも強く反発した。

「我々の法律顧問は、ソ連時代にＫＧＢ管轄の国境防衛隊で2年兵役に就いただけだ。悪徳メディアがその事実をＫＧＢ出身とねじ曲げ、誤った記事を発信している。……今回の我々に対する攻撃は事実とは異なる偽情報に基づいており、アメリカ政府とメディアが組織的に仕掛けている」

私は最後にもう一度確認した。

「例えば、有事にＦＳＢが工作の協力を要求してきたら、本当に逆らえるのですか」

「政府が私に何か（共謀）を要求してきてもうまくはいかない。なぜなら、我が社は国際企業であり、アメリカ、ヨーロッパ、中国、ロシアなどの人材が働いているからだ。どこの政府から何かを求められても、隠せないからとにかく不可能だ」

カスペルスキーへの取材後、私は元ＫＧＢのＫに意見を求めてみた。Ｋはカスペルスキーと個人的に親交があったと明かしたうえで、こんなことを語った。

「元ハッカーの立場から言わせてもらえば、ウイルス対策ソフトは相手のシステムに入り込んでウイルスやスパイプログラムを仕掛けるための素晴らしい道具になるということだ。そして、元ＫＧＢとしては、カスペルスキー社の使い道を巡って異なるロシアの情報機関が競争し、社内上層部にFSBが人材を送り込んでいることは容易に想像できるよ」

カスペルスキーへの取材から1カ月後、ネットメディアのメドゥーサが「いかにシロビキはカスペルスキー研究所に食い込んだか」という見だしの長文記事を発信した。[3] 技術者のグループと法律顧問のチェクノフらFSBに近い「シロビキ（強硬派）」が社内抗争を繰り広げた結果、14年までにカスペルスキーの後継者と目されていた技術局長や外国人の幹部が排除され、シロビキはユーザーの個人データが含まれる基幹システムへのアクセスが可能になったという内容だった。

元幹部らの証言から社内の情勢に迫ったこの骨太な調査報道を一気に読み、私は「やられた」と思わず声を上げてしまった。過去にカスペルスキー社に勤めていたロシア人の友人を通じて、社内の情勢を探れないかと考えていた矢先だった。CEOへのインタビューだけで真相に近づけるはずもない。

カスペルスキー社の疑惑を巡っては、オランダなども18年にアメリカに追随し、同社の製品とサービスの利用を停止した。欧州議会は18年、ロシア、中国、北朝鮮からのサイバー攻撃に対する防衛強化を求める決議を採択し、カスペルスキー社のソフトウェアは「潜在的に危険だ」と警告を発した。カスペルスキー社はこれに強く反発し、サイバー対策を巡るヨーロッパ各国の治安当局との協力を停止すると発表している。

中国のファーウェイのケースと同様、アメリカ当局はカペスルスキー社によるスパイ疑惑について明確な証拠を示しているわけではないが、プーチン政権はＩＴ企業の統制を強めており、ソーシャル・ネットワーキング・サービス各社にはすでに当局への情報提供を迫っている。やはり有事の際にカスペルスキーはＦＳＢの協力要求に逆らえるのかという疑問がわいてくる。欧米もそんな警戒心を拭えないということだ。

私のインタビューの中で、カスペルスキー自身、「有事」に強い懸念を示していた。

「とにかくサイバー空間での国と国の戦争だけは見たくない。ある国へ攻撃を仕掛ければ、自国の発電所から交通機関、通信、医療施設、金融までに予想できない打撃となって返ってくる。東京のような大都市が完全に停電に陥るのを想像できるかね。各国が賢明であると信じたい」

４．ダークパワーの本領

防御に限界

ロシアが仕掛けたと見られる国家に対する初めてのサイバー攻撃は、07年のエストニアの事件に遡る。首都タリンの中心部にあったソ連兵の銅像を撤去する、とのエストニア政府の決定にロシア政府が激しく反発。エストニアのロシア系住民が抗議デモを起こし、モスクワのエストニア大使館もロシアの活動家グループに連日昼夜取り囲まれる騒乱に発展した。これと並行して大規模なサイバー戦が仕掛けられ、最先端のＩＴ国家とされたエストニアは政府機能から金融機関まで麻痺する事態に陥った。この事件は世界に衝撃を与え、ＮＡＴＯがタリンにサイバー対策拠点を創設する契機となった。

ロシアは08年、今度はジョージアに侵攻した時に軍事作戦とサイバー攻撃を組み合わせた「ハイブリッド戦」を試したと見られている。政府のウエブサイトを乗っ取り、インターネットを切断するなど、先端の手法を駆使した。ハイブリッド戦は14年のウクライナ侵攻でさらに発展させた形で実行されていく。

エストニアやジョージアへの攻撃は私の1回目のモスクワ赴任時（04〜09年）に起きているが、現実空間で起きていることの取材にかかりっきりになり、目に見えないサイバー空間の攻撃について突っ込んだ取材はしなかった。私を含めてサイバー戦に世界の報道が注目するようになったのは、前代未聞といえる２０１６年のアメリカ大統領選への介入からだろう。民主党機関のシステムから機密メールを盗んで公開した手法は後に「ハック・アンド・リーク」と呼ばれ、イギリスなどヨーロッパ各国の選挙への介入にも使われたとされる。

私が取材を通じて強く感じたのは、サイバー攻撃に対する民主国家の防衛策は限られるということだ。特にロシアのアメリカ大統領選への介入以降、欧米は攻撃パターンのデータを蓄積して分析能力を高め、発信源を特定して告発することで相手をけん制する方法に頼ってきた。

18年10月にアメリカ、イギリス、オランダが一斉にGRUの部隊「26165」によるOPCW（化学兵器禁止機関）や反ドーピング機関への攻撃を暴露した時、世界は驚愕した。最近（20年7月）もイギリス、アメリカ、カナダの当局が、新型コロナウイルスのワクチンを開発する研究機関をロシアが攻撃したとする共同非難声明を発表している。イギリス政府が20年10月に東京五輪へのサイバー攻撃を公表したのは、ヨーロッパで進行中の特定の攻撃を抑止することが目的だったとの見方がある。これは逆に、いくらけん制しても攻撃が止まっていないことを示している。技術的な特定が困難な以上、「証拠がない」と言い逃れできる余地がある。ハッカー犯罪集団を使うのは、「国は関与していない」と主張するためでもあるだろう。

サイバー戦の取材で私がこれまでに会ってきたNATO関係者らに言わせれば、「サイバー防衛の要はサイバー反撃や武力報復による可能性を見せる抑止しかない」ということになる。NATOが16年にサイバー空間を「防衛の領域」と位置付けたり、EUなどがサイバー演習を繰り返したりするのもそうした流れにある。これは軍やインフラ施設の防衛を想定したものであり、個々のスパイ活動や情報工作を止められるわけではない。サイバー攻撃を特定して警告を繰り返し発する欧米当局には手詰まり感が透ける。

こうしたなかで、ＥＵは20年7月、サイバー攻撃に対して初めて制裁を発動することを決めた。これまで大規模なサイバー攻撃を実行したと断定したロシア、中国、北朝鮮の情報機関や企業、個人に対して、金融資産の凍結や入国禁止措置を科す。ＥＵのこの発表の直前、ドイツ議会を標的とした15年の大規模なハッキング事件がロシアによる攻撃だったとドイツ当局が特定しており、背景では同国の強い働きかけがあったようだ。

アメリカ司法省は20年10月、新たにＧＲＵのサイバー部隊７４４５５の工作員6人を起訴した。ウクライナへの一連の攻撃や、17年のフランス大統領選への介入、18年の平昌五輪でハッカー攻撃を仕掛けたと断定した。

アメリカは、より攻撃的な戦略にも踏み込んでいるようだ。国防総省は18年、平時から敵のサイバー空間に侵入し、先制攻撃も辞さない「前方防衛（Defend Forward）」という概念を打ち出した。19年6月にホルムズ海峡周辺で米軍無人偵察機を撃墜したイランに対しては、同国の兵器システムへのサイバー攻撃で報復したとされる。

攻撃にさらされる民主社会

19年6月、ニューヨーク・タイムズ紙にこんな見だしが躍った。[4]

「ロシアの電力網に対するオンライン攻撃をエスカレート」

複数のアメリカ当局者の話として、米サイバー軍がロシアの電力網コンピューターに侵入し、「潜在的に大損害を与える有害プログラム」を埋め込んだと伝えている。

16年の大統領選にサイバー攻撃で介入したロシアはアメリカのインフラ網にも入り込み、破壊工作を可能にしている疑いが強まっていた。国土安全保障省やFBIは電力・エネルギー網が有害プログラムに侵されているとこれまでに何度か発表している。GRUの部隊がウエスティングハウス社の原子力発電所にもサイバー工作を仕掛けていたとも公表した。

米大統領補佐官（国家安全保障担当）ジョン・ボルトンが19年の講演で「ロシアなど我々にサイバー工作を仕掛ける国に代償を分からせる」と語ったとの報道を見て、気にはなっていたが、[5]その直後に出たニューヨーク・タイムズの記事で私は確信した。反撃の脅威を示して相手に攻撃を思いとどまらせる核戦略と同様の「抑止の論理」がサイバー空間にも適用されつつあるということだ。アメリカ当局者がニューヨーク・タイムズにロシアのインフラに侵入したことをあえてリークしたのも、ロシアへの警告の意図に違いない。

モスクワ駐在中に何度も取材した元KGB、Kのサイバー戦についての見解で特に印象に残っているものがある。

「核戦略と同じさ。破滅的な戦いを回避するために、アメリカはいずれサイバー空間を巡って交渉に応じざるをえなくなる」

プーチンはトランプ政権に対して繰り返し核軍縮交渉とともに、サイバー空間を巡る協議を呼びかけている。私はそのたびに「自ら攻撃を仕掛けておきながら」と思ったものだが、これはいかにもロシアらしい戦略といえる。緊張をエスカレートさせて、譲歩を引き出したり、相手を交渉の場に引きずり出したりするのは、プーチンの常套手段だ。GRUなどの度重なる欧米諸国へのハッキングやウクライナのインフラへの攻撃は、そうしたデモンストレーションともいえる。

サイバー空間ほどダークパワーの本領が発揮される場はないかもしれない。国境もルールもない空間であり、世界のどこでも経由し、攻撃への関与を否認することができる。開かれた民主社会はこれまで以上に攻撃にさらされやすくなっている。

第七章　コロナ後の世界

1．中ロ発インフォデミック

分断工作の好機

２０２０年、世界は中国の湖北省武漢市を発生源とした新型コロナウィルスのパンデミック（世界的な大流行）の中にある。ヨーロッパやアメリカも感染爆発に見舞われ、各地で国境封鎖とロックダウン（都市封鎖）が強行された。経済活動が一時止まり、不況色が深まる。そんな未曾有の世界の危機に際し、不謹慎にも私の頭にはまっさきにこんなことが浮かんだ。

「これは欧米社会を混乱させ、分断する工作の、絶好の機会になるかも……」

ＥＵの欧州対外行動庁（外務省に相当）の傘下で、偽ニュースを監視する組織 East Stratcom Task Force の毎週の報告を私は注視した。同組織によると、コロナウイルスを巡る最初のロシアのプロパガンダは、国営対外発信メディア、スプートニクが1月22日に発した記事だった[1]。

「アメリカやＮＡＴＯの生物兵器研究所は、中国周辺にいくつもある」

スプートニクはそう指摘し、コロナウイルスがアメリカの生物兵器であることを示唆していた。世界保健機関（ＷＨＯ）がパンデミックを宣言する1カ月以上前のことだ。

これを皮切りに、政権統制下のロシアのテレビ局が相次ぎ「コロナウイルスは（中国を狙った）米国の生物兵器だ」といった陰謀論を発信し、英語やスペイン語、イタリア語、アラビア語でも次々に拡散した。

ロシアには、旧ソ連が仕掛けたエイズを巡るプロパガンダの「前科」がある。[2]

１９８３年、ソ連寄りのインド紙ペイトリオットが「有名なアメリカ人の科学者で人類学者」の匿名の手紙を引用し、「新たな化学兵器を開発するためにアメリカ国防総省がエイズを作り出した」と報じた。この記事をソ連のメディアが転電し、87年までにヨーロッパの新聞を含む50カ国以上のメディアでこの陰謀論が報道された。ソ連崩壊後の92年、ロシアのＳＶＲ（対外情報局）長官だったエフゲニー・プリマコフが、各国に反米感情を植え付けるためにＫＧＢが仕掛けた工作だったと明かしている。

何年もかけて陰謀論が浸透していった当時とは異なり、いまはソーシャルメディアを通じてプロパガンダは一気に広まる。果たしてコロナウイルスに関するデマが飛び交い、インフォデミック（真偽不明の情報のまん延）と呼ばれる事態が起きた。

3月までにイタリアやスペインなどで感染が爆発的に広がり始めると、ＥＵや各国政府への不信感をあおり、社会の不安を招くようなプロパガンダが目立つようになった。

「コロナウイルスの流行により、ＥＵは終わりに近づいている」（スプートニク、イタリア語）

「EUはイタリアでのウイルス流行に反応していない。イタリアを助けていているのはロシアと中国とキューバだけだ」(RT、フランス語)

「コロナウイルスの流行は各国を独裁に向かわせるために誇張されている」(スプートニク、ドイツ語)

「人々をコロナウイルスから守るには、権威主義による閉じた社会が必要だ」(Geopolitica.ru、イタリア語)

ロシア国営対外発信メディアのRTやスプートニクだけではなく、GRU(連邦軍参謀本部情報総局)やSVR(対外情報局)が関与すると見られる、ロシア国外を拠点とするウェブも真偽不明の陰謀論を拡散する。(3)

反米むき出しの中国

そこに中国が参入してきた。中国外務省の副報道局長、趙立堅が3月12日、中国国内では禁止されているツイッターに、こんな臆測(おくそく)を英語で発信したのだ。(4)

「アメリカ軍が武漢に伝染病を持ち込んだのかもしれない。(米国は)透明性を示せ! データを公開せよ! 米国は我々に説明する責任がある!」

専門家の間では、コロナウイルスの流行は、武漢の市場で売られる野生動物を介して人間に感染して始まったと見られている。中国は初期の段階で感染を隠蔽し、初動が遅れたことで世界にまき散らしたと批判されていた。トランプが「中国ウイルス」と呼ぶなど、米国は中国への攻撃を強めた。

ロシアばりに中国の政府高官が率先して真偽不明の情報を流し、反米をむき出しにする――その姿に私は目を見張った。

趙は翌13日には、カナダを拠点とする不透明なウェブメディア、グローバル・リサーチの記事のリンクをツイッターに貼り、「リツイートして広めてほしい」と書き込んだ。

「中国のコロナウイルス：驚きの新事実、ウイルスはアメリカ起源か」

そう題された記事は、コロナウイルスが検出される前の19年10月に武漢で開かれた「ミリタリー・ワールド・ゲームズ」に参加したアメリカ兵が、ウイルスを持ち込んだ可能性があると主張していた[5]。

人民日報など国営メディアは、実は2月後半から「ウイルス米国起源説」を、日本や台湾の専門家の見方などとして広めていた。趙の発信を機にこうした陰謀論を各国の中国大使館がリツイートしたり、中国国営メディアが転電し合ったりして、中国の対外情報戦が本格化する。

中国国営テレビCGTNは、「新型コロナウイルスはアメリカでつくられたのか」とする番組を中東に向けて流していた。[6] 若い中国人女性が、流ちょうなアラビア語で「新しい事実が見つかったのよ」などと語りかける。趙が引用した「ミリタリー・ワールド・ゲームズ」の話にくわえ、中国でウイルスが流行する2カ月前にアメリカの生物兵器研究所が閉鎖された、19年9月にハワイを訪問した日本人が感染していた、などと列挙し、「中国は発生源ではない」と訴える。ユーチューブ上でこの映像の再生回数は40万回近くに達している。

中国の様子を見ながら私は、ロシアが支援する親ロ派武装集団が実効支配するウクライナ東部で、14年にマレーシア機（MH17）が撃墜された事件を思い起こした。この時、真偽不明の情報や陰謀論をロシアの国営メディアや、政府高官、外交官らが一斉に発信してダメージコントロールに動いたことは、第五章で紹介した通りだ。

徹底的なロックダウンで、3月までに国内の感染を抑え込んだ中国は、「マスク外交」と呼ばれる各国への医療援助に乗り出し、プロパガンダを拡大する。

「グラッチェ・チナ（中国、ありがとう）」――。3月、新型コロナの感染がまん延したイタリアに、中国から医療支援隊と物資が到着した前後、ソーシャルメディアへのこんな投稿が急増した。中国を称賛する内容のほか、EUの新型コロナ対策を批判する内容も目立った。

イタリアのマーケティング会社アルケミーなどの調査によれば、[7] 投稿の大半は「ボット」と呼ばれる機械による自動発信だった可能性が高い。調査対象とした3月11〜23日の間の約

4万8千のツイッターへの書き込みは、昼夜問わず途切れなく続き、平均で1日50回以上つぶやいたり、長期休眠アカウントからの発信も多かったりしたという。

駐フランス中国大使館はツイートでこんなデマを発信した[8]。

「欧米では政治家たちが集団免疫を勧めて、大量死の危機にある人々を見捨て、医療備品を奪い合い、公金で買った備品を民間に売って私腹を肥やしている。高齢者施設の入居者に対しては『緊急救命措置を受けません』との申告書を書かせている。医療従事者は次々に職を離れて、施設の入居者は餓死したり病死したりしている。ところが欧米大手メディアの記事は見かけない。客観性を愛する彼らに良心はあるのか？　倫理観はあるのか？」

EUの対外行動庁は4月24日、ロシアや中国の情報操作の実態に関する報告書を発表している[9]。

「親ロシアとロシア国営のメディアはEUとその危機対応を攻撃し、社会を混乱させるキャンペーンを続けている……中国も政府関係者が（中国が）パンデミックの発生源であることへの非難をそらし、各国への医療支援がEUよりも役にたっていると喧伝している証拠がある」

中国政府のツイッターを使った情報操作や、ソーシャルメディアの広告を通じて中国のコロナ対策や国際指導力を称賛する工作も指摘している。

私は4月、中国とロシアの戦略をテーマに、カーネギー財団が主催したテレカンファレンスに参加した。北京を拠点とするカーネギー清華グローバル政策センター所長のポール・ヘンリーは、武漢での感染を看過した初動を批判された中国は、新たな段階に入っているとの見方を示した。

「中国は国内で一党独裁の正統性を強め、地政学的にも優位に立つ好機と捉えているのではないか。特にアメリカがコロナ対策で国内でもまとまれず、国際的に指導力を示せないことを見て、自らの取り組みと政治システムの信頼性を誇示する機会になると考えている」

コロナウイルスを巡って似たようなプロパガンダを流布するロシアと中国が、欧米たたきで協調しているとの見方も浮上した。中国外務省の趙がツイッターで拡散した記事を掲載した「グローバル・リサーチ」は実は、ロシアの情報機関の関与が疑われる組織だ[10]。中国国営メディアは、ロシアの国営対外発信メディアであるRTやスプートニクの記事を活発にツイートしていた。ロシアメディアも、中国を擁護する論調を一貫して張っていた。

欧米社会を混乱させて分断し、各国との外交を自国に有利に進めるのはロシアと中国の共通の利益だろう。両国が協調したのかは不明だが、コロナ危機をきっかけに、中国はロシアを倣って、世界に対する情報工作に本格的に乗り出した。

2. 台湾が恐れるシナリオ

歴史家の警告

世界各地で都市が封鎖され、日本も緊急事態を宣言した2020年4月、私は旧知の歴史家、ニーアル・ファーガソンとズームで話した。オックスフォード大学とハーバード大学で教授を歴任した、イギリスを代表するこの歴史家の刺激的な見方は、私にとって、いつも記事を書くヒントになる。

「歴史的に、感染症パンデミックは約65回起きているんだ。古代ローマ時代のペストや中世の黒死病は世界の人口の3割の命を奪ったといわれ、次に被害が大きかったのは1918〜19年のスペイン風邪で、世界の3%が犠牲になった。死亡率で見れば、新型コロナウイルスは、こうした事例には及んでいない。3月にインペリアル・カレッジ・ロンドンが、新型コロナにより米国で220万人、世界で3000万から4000万人が犠牲になりかねないと警告を出しただろう。それで、スペイン風邪が想起され、世界は過剰に反応した面があると思う」

ロックダウンのさなかに、ファーガソンはいきなり尖(とが)った議論を展開した。彼の見方では、新型コロナと比較しうるのは、1956〜58年にかけて中国から世界に広がったアジア風邪だという。この時、ロックダウンは強行されず、学校閉鎖も限られたそうだ。世界で100万人規模の死者が出たとされるが、社会的弱者にさらに打撃を与える最悪の経済危機は引き起こされなかったと、ファーガソンは主張した。

「各国の政策指導者は1月に事態を甘くみて、3月にはパニックに陥り、常軌を逸した行動に出てしまった。経済の封鎖と人々の監禁は世界経済を壊してしまった。初動の遅さと過剰反応という最悪の組み合わせが危機を招いたのだ。将来の歴史家はこうした対応を誤りだったと判断を下すだろうな……我々は『間違ったチャイナ』の対策をまねてしまった。感染拡大を隠蔽した後に厳しいロックダウンと監視体制を敷いた中国（People's Republic of China）ではなく、台湾（Republic of China）に学ぶべきだったんだ」

中国政府が激怒しそうな、「間違ったチャイナ」という言い方がファーガソンらしい。10月時点で台湾はコロナ感染者を500人、死者は7人に抑えており、そのコロナ対策は世界から高く評価されている。

中国発の重症急性呼吸器症候群（SARS）の流行により、03年に大打撃を受けた台湾は、その教訓を生かし、コロナウイルスに素早く対応した。12月末に武漢で原因不明の肺炎が発生していることをいち早く察知、空港で検温などを開始し、2月には中国全土からの訪問を禁止した。検査や隔離を徹底して感染経路を絶ち、ロックダウンも回避した。台湾は技術面でも情報公開と市民への説明を徹底し、官民協力でテクノロジーを市民の自由と自治に生かしたと評価された。

ファーガソンはこう続けた。

「一党独裁の中国に対して、台湾は今回、中国人がどれだけ民主体制と自由主義をうまく運営できるかを証明している。だから、中国共産党は台湾を潰そうと躍起になっているのだ」

スコットランド出身の歴史家ニーアル・ファーガソン。写真は19年にウクライナのキエフで会った時のもの。コロナ禍の最中にズームで話した時はひげを蓄えていた

なるほど、コロナ対策で一党独裁システムの優位性を売り込む中国にとって、台湾の成功は目の上のたんこぶというわけか。

ファーガソンとの電話のあと、台北駐在の同僚記者に電話を掛け、現地情勢について聞いてみた。台湾では過去数カ月、中国発と見られる偽ニュースがソーシャルネットワーク上で氾濫し

ていたという。

「例えば、『病院でマスクを無料配布する』といった偽情報が流れて、医療機関に市民が殺到し、混乱が広がったりしていました。信憑性を高めるために政府の公文書を捏造して添付するなど、手口も巧妙化していますよ」

WHO事務局長テドロス・アダノムが、4月の記者会見で証拠を示さないまま「台湾から差別や個人的な攻撃を受けている」と発言した問題を巡っても、中国の影がちらついたという。テドロスの会見直後にはソーシャルメディアに「台湾人として悪意のあるやり方で攻撃したことを恥ずかしく思う。台湾人を代表して謝罪したい」といった書き込みが相次いだ。わざわざ投稿に健康保険証の写しを添付して、台湾人であることを強調するケースもあったという。台湾当局は、事務局長を実際に台湾が攻撃したように見せかける中国の工作だったと主張している。

偽造文書を添付して情報の信憑性を高めようとする手段は、ロシアが多用してきたものだ。その時私は、モスクワ駐在中の17年に、フェイクニュースの取材で会ったスウェーデン国際問題研究所ロシア・ユーラシア研究部長マーティン・クラフの話を思い出した。彼が調査した15年から16年7月までの期間、ロシア語とスウェーデン語のニュースサイトで、閣僚や外交官らの手紙を含む偽造文書を添付したものが少なくとも25件あった。

「これはソ連時代からの手口を踏襲している」

クラフはそう説明してくれた。


台湾では20年1月の総統選でも、ネット上で対中強硬派の与党・民進党の総統の蔡英文を標的にした偽情報が流布されている。こうしたデマは、中国で使われる字体「簡体字」で拡散され、与党陣営を狙ったサイバー攻撃も報告されていたという。にもかかわらず、蔡は、対中融和を説く野党・国民党の候補を大差で破り、再選を果たした。中国の香港の民主化運動に対する弾圧を見て、台湾市民の中国に対する警戒が強まった結果でもある。

台湾国家安全局は総統選に先立つ19年、こんな報告書をまとめて議会に提出していた[11]。

「中国共産党は、ロシアがウクライナ領クリミア半島を併合した時の手法をまねている」

14年にウクライナに侵攻したロシアは国営メディアによるプロパガンダとSNSへの偽ニュースの流布、サイバー攻撃を組み合わせた「ハイブリッド戦」を実践した。軍事侵攻の事実を情報戦で覆い隠し、軍の記章を外した「グリーンメン」と呼ばれた特殊部隊がクリミア半島に侵攻し、一気に併合した経緯がある。

コロナ危機から、中国は偽情報を流布するとともに、台湾周辺で軍事演習や威嚇行動を繰り返している。

ファーガソンは、ズームで話した時、こんな警鐘を鳴らしていた。

「中国は情報戦を学んでいる最中だ。これは（米中の）新冷戦の新しい要素といえるかもしれないな。台湾に対しては、情報工作が効かず、選挙にも影響を与えられないとしたら、どんな手段に訴えてくるか……いいか、大恐慌の克服には10年プラス第2次世界大戦を要したんだ。当時は3年かけて恐慌に至ったが、今回は3カ月でいまの危機に陥っている。だから、当時よりも速く地政学上のリスクが吹き出すリスクがあると思う。その不安定な情勢の中心にいるのは台湾や南シナ海だ」

3.「超限戦」の開花？

中国の圧力、スパイ疑惑

ファーガソンが予期した危険な兆候は、ほどなく多方面で現れてきた。

中国国家主席の習近平は6月末、香港で反体制運動を禁止する香港国家安全維持法を公布し、1997年のイギリスからの香港返還時に約束した「一国二制度」を骨抜きにした。言論の自由や人権が侵される懸念が強まった。

中国は、ベトナムやフィリピンと領有権を争う南シナ海や、尖閣諸島周辺でも、威嚇を繰り返しており、8月には南シナ海で弾道ミサイル実験を強行した。インドとも5月、紛争中の国境で軍が衝突している。

中でも私は、オーストラリアに対する中国の圧力を見てあっけにとられた。オーストラリア首相スコット・モリソンが4月、コロナウイルスの発生源について独立した調査をする必要があると主張したことに、中国政府が激しく反発した。オーストラリア産の食肉の輸入を「検疫上の理由」から一部停止し、同国の大麦にも約80％の関税を掛けた。さらに中国国民にオーストラリアに旅行しないよう呼びかけるなど、事実上の経済制裁を強めている。オーストラリアにとって中国は、モノとサービスの輸出の3割強を占める最大の貿易相手だ。

こうした報復は、ウクライナやジョージアに対するロシアの締め付けを思わせる。ロシアは、NATOやEU加盟を目指す両国に、エネルギー供給の停止や、「品質不良」を口実にしたワインなど特産品の禁輸、航空便の停止措置などで圧力を加えてきた。ロシア発と見られるサイバー攻撃も頻繁に起きている。

オーストラリアの首相のモリソンは、6月、名指しを避けながら、政府機関と企業が海外の外国政府が関与する大規模なサイバー攻撃を受けていると明かしている。

オーストラリアへの圧力は、コロナウイルスの問題だけが理由ではないだろう。同国は、次世代高速通信規格「5G」を巡り安全保障上の懸念を理由に華為技術（ファーウェイ）の排除を促すアメリカにいち早く同調し、南シナ海や香港の問題でもアメリカとともに中国に批判的な姿勢を示してきた。他国に対する見せしめとする思惑もあるかもしれない。香港国家安全維持法に対して、アメリカは、中国共産党員へのビザ発給規制などを打ち出したが、日本やEUは経済関係に配慮して制裁に距離を置いている。

オーストラリアに限らず、中国による、経済力を背景とした圧力や、スパイ活動の疑惑が相次いで浮上している。先に紹介した欧州対外行動庁のコロナウイルスを巡る偽情報拡散の報告書を巡っては、中国について批判的な記述を控えるようEU関係者に圧力を掛けたことが明るみに出ている。[12] ドイツ政府関係者にも、中国のコロナ対策を称賛するよう要求したとの報道がある。[13] 欧米当局は、コロナウイルスのワクチンの開発を手掛ける研究所に対する中国やロシアのハッカー攻撃を再三警告している。

アメリカでは、偽情報の拡散に中国の工作員が関与した疑いも浮上した。3月中旬、「政府が近く全国でロックダウンを実施する」といった情報がSNSで拡散され、個人の携帯電話にもメールが送りつけられた。ニューヨーク・タイムズによると、偽情報の流布に中国の工作員がかかわったとして、アメリカ当局が中国の在米公館に勤務するスパイを捜査したとある。[14]

7月には、ＦＢＩ長官クリストファー・レイが、「キツネ狩り」と呼ばれる中国の工作を告発した。[15] 中国国外に住む政敵や反体制派、中国の人権侵害を公表しようとする政権批判者などを、帰国させるための活動だという。

どれも、ロシアをなぞっているように見える。

ズームで取材したロシア政府に近いある研究者に、コロナ危機後の一連の中国の対外強硬策について聞くと、こうもらした。

「ロシア（の工作手法）を模していると見て良いだろう。プーチン大統領との会話を役立てたに違いない」

習近平はプーチンと年に数回のペースで会談している。

ロシアのハイブリッド戦を持ち出すまでもなく、実は中国の方がずっと先に、軍事と非軍事手段を組み合わせた新しい戦争論を展開していた。１９９９年に人民解放軍の軍人が書いた「超限戦」がこう論じている。[16]

「あらゆるものが手段となり、あらゆるところに情報が伝わり、あらゆるところが戦場になりうる。すべての兵器と技術が組み合わされ、戦争と非戦争、軍事と非軍事という全く別の世界の間に横たわっていたすべての境界が打ち破られる……」

20年前に書かれたこの本は、貿易や金融による圧力、デマ拡散による心理戦、ハッカー攻撃まで挙げ、「軍事的暴力が相対的に減少する一方で、政治的暴力、経済的暴力、技術的暴力が増大していくに違いない」と説いている。コロナウイルスのパンデミック後に中国があらわにする攻撃性は「超限戦」が開花する兆しなのだろうか。

世界各地に進出する中国企業や在留中国人の広がりは、ロシアとは比べものにならない。中国企業のデジタル技術や在留中国人は、工作に利用されるかもしれないと、アメリカ政府は懸念し始めた。

アメリカ国防総省は20年10月、突如、「非正規戦争（Irregular Warfare）」と題された添付書を18年版の国防戦略報告に追加すると発表した[17]。情報戦やサイバー戦、敵国が築くネットワークや金融網への対策を含む非軍事戦に備えるとした。中国とロシア、イランを名指しし、情報工作や経済的な圧力、協力者の取り込み、秘密工作を指摘した。

トランプ政権はコロナ拡大後、中国のスパイ活動を警戒し、人民解放軍とつながりのあると見る大学院生や技術者のビザを取り消し、テキサス州ヒューストンの中国領事館の閉鎖に踏み切った。ファーウェイなどＩＴ企業への圧力に加え、情報流出にも懸念を強め、TikTokなど中国アプリの使用禁止にも動いている。そこには中国の「非軍事戦」への強い警戒がにじんでいる。

「パクス・シニカ」の誘い

米中対立が激しくなるなかで、ロシアでは、中国の勢力圏の中での平和を意味する「パクス・シニカ」を巡る議論が活発になった。コロナ渦を契機にアメリカと中国の覇権争いが一段と鮮明になり、世界は二極化していくとの認識が強まったためだ。

5月に私が目にしたカーネギー財団モスクワセンターの所長ドミトリー・トレーニンの論文、「パンデミック後の二極化世界でロシアはいかに力の均衡を維持するか[18]」はその典型例といえる。

「中国陣営に取り込まれることなく、国際社会での力の均衡を維持するために、ロシアはヨーロッパやインド、日本と関係を深め、中国への依存を軽減しなくてはならない……モスクワと北京はともにアメリカによる支配と民主主義の促進を拒否し、アメリカには敵視されているが、中ロの軍事同盟が正当化されるのは、アメリカ軍が両国を攻撃した時に限られる……」

この論調はロシアの危機感の表れでもある。ソ連時代に軍に所属し、米ソ核軍縮協議の代表団にも加わったトレーニンは、政府にパイプを持つ国際政治専門家だ。

ロシアは欧米よりも遅れて爆発的なコロナウイルスの感染に見舞われた。5月には感染者が30万人を突破し、米国に次ぐ世界第2位の規模に膨らんでいた。モスクワなどでは医療崩壊が伝えられた。政府は欧米と比べて死者は少ないと主張したものの、独立系メディアなどの報道により、過小公表している疑いも浮上していた。

原油安による景気悪化にコロナ対策への不満が重なって、かつては8割を超えたプーチン氏の支持率は一時、過去最低の59%に下がった。24年の任期終了後も権力にとどまるための憲法改正を巡る国民投票は7月に強行して成立させたが、極東で反政権運動が続くなど、政権運営はかつてのように盤石とはいえない。

政権安定に必要な経済立て直しでロシアが期待できるのは、反米で結び付く中国との協力しかない。最大の貿易相手であるヨーロッパ諸国の経済がコロナで冷え込んでおり、20年1〜7月の対外貿易に占める中国の割合は前年同期の16・2%から18・4%に伸び、過去最高になった[19]。ロシア国営天然ガス会社ガスプロムは5月、中国と結ぶ2本目のパイプラインの建設調査に入ると発表するなど、中ロはエネルギーや軍事技術協力の大型事業を矢継ぎ早に打ち出している。

ロシアの中国へのデジタル依存も進む。ロシアは第5世代移動通信システム（5G）では、自前の開発を断念し、中国のファーウェイとの協力関係を深めている。アメリカの圧力を受けるファーウェイは、ロシアを取り込むために、複数の研究開発拠点をロシアに置き、技術者ら2000人の雇用も現地で確保するとされる。欧米と対立し、経済制裁を受けるロシアにとって、基幹デジタルインフラの選択は安全保障上の選択にほかならない。

これと平行してモスクワ市はコロナ対策の名目で、中国型の顔認証付きの監視カメラなどを急速に整備した。反体制運動を警戒し、ロシアは、社会統制や監視モデルを中国に倣いつつあるのではないか。

こうした構図は中東や中央アジアなどユーラシアの強権国家にも当てはまる。[20] 例えばイラン。米国の制裁下で、中国は最大の原油の買い手であり、医療支援も受けている。反体制運動がくすぶるなかで、イランがコロナ対策と称して強めた国民監視の技術は中国から導入したものだ。ロシアも含めて、コロナ禍を機に強権国家の社会統制を中国のデジタルインフラが支える流れが加速する。

私がソーシャルメディアで4月に交信したある政府に近い関係者は、中ロ関係についてこんなモスクワの空気を伝えてくれた。

「政権内には中国との同盟関係には踏み込まないという認識がある。ロシアは格下のパートナーとなり、外交の自由度も失われかねないからだ。一方で、中国と関係を悪化させて安全保障上のリスクを抱えることは絶対に回避しなくてはならない。したがって、日本を含めて、中国との力関係を均衡させるためにロシアを利用しようとする国に配慮する余地は狭まっている」

そして、こう付け加えた。

「将来、内政でプーチン政権が深刻な試練に直面した場合、独立した大国であるという体裁に構ってはいられなくなるだろう。政権の生き残り策は、軍事面を含めて、中国に保護を求めることだ。我々はまだ、そこまで来てはいないが……」

かなり衝撃的な発言だった。

ヨーロッパのある外交官は、かつて取材で「中ロの結託が最悪のシナリオだ」と語った。ロシアの情報機関の「濡れ仕事」とヨーロッパに広げる工作のネットワークに、広域経済圏構想「一帯一路」を推し進める中国の経済力やデジタル技術が重なれば、ヨーロッパが切り崩されかねないからだ。

コロナ禍の先には、「強権」対「民主」という構図が浮かんでくるのだろうか。西側は中ロのダークパワーへの防御を固めなくてはならない。

おわりに

ロシアやヨーロッパで取材をしながら、私はしばしば日本政府の対ロ外交に苛立ちを覚えた。

ウクライナ侵攻、そして各国の選挙への介入やサイバー攻撃に対する欧米の対ロ制裁をよそに、前首相の安倍晋三は7年で11回、ロシアを訪問した。ヨーロッパで第2次世界大戦以降、初めて化学兵器が使われた2018年3月のスクリパリ毒殺未遂事件を巡っても、欧米諸国が連帯を示したロシア外交官の追放に日本は同調しなかった。そんな親ロ外交にもかかわらず、懸案の北方領土交渉は進まなかった。

プーチンは18年9月、安倍も出席していた極東ウラジオストクでのフォーラムで、「前提条件なしで」年内に平和条約を締結するよう日本に突如、提案した。安倍はこれに対して、平和条約締結後に北方領土四島のうち、歯舞（はぼまい）群島と色丹（しこたん）島を引き渡すと明記した1956年の日ソ共同宣言を交渉の基礎とすることをプーチンに持ちかけ、北方四島の帰属問題の解決を平和条約の前提とするこれまでの主張を後退させた。ロシア側はそれを機に日本への要求をつり上げていく。

ロシアは北方領土の主権が自国にあることをまず認め、領土引き渡し後に米軍を展開させないことを明確にするよう注文を付けた。ロシア外務省高官はさらに、1960年にソ連が2島引き渡しの条件として日本領土内から米軍を撤退させることを求めた「対日覚書」にも言及した。大統領報道官のペスコフは、ロシアのウクライナ侵攻への欧米の制裁に日本が連携していることが「平和条約署名への大きな障害になっている」と言ってのけた。

プーチンとの関係をテコに交渉を動かそうと、対ロ配慮一辺倒だった安倍に対し、ロシアは世界戦略の中で日本の利用価値を冷徹に探る。欧米と対立するなかで、訪ロを繰り返した日本の首脳らの姿はロシアが孤立していないことを世界に印象付ける格好の材料になった。交渉でロシアが日本に突きつけてきた要求は、アメリカ主導の秩序を崩す戦略の一環にほかならない。

2016年に私が取材したあるヨーロッパの外相は、日本にこんな忠告をしていた。

「主張を弱めれば、逆にロシアを攻撃的にする挑発になる」

安倍はそんなワナにはまったのだ。

ヨーロッパ各国は経済関係などによって、ロシアへの姿勢に温度差があるが、自由・民主主義を侵す国家の暴力や攻撃に際し、EUはぎりぎりの団結を図ってきた。価値観と理念に基づいて、ロシアなどに向き合おうとするヨーロッパと比べ、日本の対応はその場しのぎで、ロシアに足元を見透かされた。

ある外交官によれば、ドイツ首相メルケルは15年3月に日本を訪問した時、対ロ外交に前のめりになる安倍をこう諭していた。

「武力でウクライナ領クリミア半島を併合したプーチンを見逃せば、中国もアジアで同じことをやりますよ」

世界を見渡せば、ロシアや中国の専制主義が増長し、自由や人権、国境までもが脅かされている。16年のアメリカ大統領選で、ロシアの介入により支援を受けたトランプが、自由・民主主義の価値を意にかけず、国際協調に背を向け、世界秩序に混迷をもたらした結果でもある。

この原稿を書いている時点で、20年のアメリカ大統領選は最終決着していない。民主党候補ジョー・バイデンが勝利を確実にしたものの、トランプは敗北を認めていない。バイデンには民主主義の再生に期待が掛かるが、アメリカ国内はひどく分断されており、国際社会で指導力をどこまで回復できるかは見通せない。欧米と結束して秩序を守る以外の道が日本にあるだろうか。

秘密工作に限らず、ロシアの歴史は陰謀論で溢れ、真実が明らかになることはまれだ。取材はスパイ小説の謎解きのように、仮説を立てては、手掛かりを追い、集めたピースをはめ込んでいく作業である。その過程で様々な場所で多くの人たちと出会った。

これまでの取材で一番印象に残っている人物は誰かと問われれば、私は迷わず、ロシアの独立系新聞ノーバヤ・ガゼータの記者だったアンナ・ポリトコフスカヤを挙げる。プーチンが独立派武装勢力を鎮圧した同国南部チェチェン共和国で日々暴力におびえる市民生活の実態を告発し、独裁を固めていく政権を鋭く糾弾し続けた。2006年10月7日、プーチンの誕生日に、彼女はモスクワの自宅のエレベーターの中で銃弾に倒れた。

何度か訪れたアンナのモスクワのオフィスの机は、いつも各地から助けを求めて送られてくる手紙で埋まっていた。取材を越えて、軍や治安機関に拘束されたり、誘拐されたりした人々の救済に奔走し、テロを仕掛ける武装勢力との仲介交渉にもあたっていた。そんな向こう見ずな活動や、怒りに満ちた記事とは対照的に、物静かな人だった。現場で見聞きしたことを粛々と語るその姿からは、真実を求めるオーラのようなものを感じた。

彼女は度々脅しを受けており、「もちろん怖いし、疲れ切っているわ」ともらした。生命の危険を承知で活動し続けたのは、「人として、責任があるから」。1人ですべてを背負い込むかのようにそう話す彼女の視線は、欺瞞(ぎまん)と非道な行為に目をつぶる、「沈黙する人々」

に向けられていた。

私はアンナのように大義は背負えないが、現場に行って、見て、聞くことに努めた。出会った人々に強く共感し、時に激しく感情を揺さぶられた。正反対の意見を持つ相手と口論の末、お互いを認め合えることもあった。責任はすべて筆者にあるが、この本は多くの人たちとの交流の産物である。

次の方々に心より感謝申し上げたい。

赤川省吾、クレメナ・アントノワ、ディミトリ・アポストリディス、アン・アップルバウム、イエシカ・アロ、クリスト・アウン、アヴド・アブディック、ドミトリー・バンドゥーラ、メリム・ビライック、アーチー・ブラウン、カタリナ・ブエレンス、アントニーナ・チエレフコ、グリゴリ・チハルティシビリ、ラーシャ・チヒクビシビリ、イエブヘン・フェドチエンコ、ニーアル・ファーガソン、ローザ・フレリ、ウラジーミル・フロロフ、古川圭治、モニカ・ガルバシウスカイーテ、エブリム・ゴームシュ、クリスト・グロゼフ、イホール・ハルチェンコ、エリオット・ヒギンズ、堀由紀子、マーガレット・ホトップ、ガルリ・カスパロフ、ミハイル・ホドルコフスキー、ヘレン・ホシュタリア、フーバート・クニルシュ、ラーナ・コーバ、アンドレイ・コルトゥノフ、バレーリア・ソバカル・クダヤル、エレナ・ラリオノワ、マリーナ・リトビネンコ、マリア・ローガン、ゲイル・ロナガン、インドレ・

マカライティーテ、イロナ・マケドン、ネリウス・マリウケビーチュス、ニコラ・メローニ、ナタリア・モラリ、名越健郎、アレクセイ・ナワリヌイ、ロビン・ニブレット、パブロ・ニクティン、ユシ・ニーメライネン、小川知世、パブロ・オレンチュク、ナタリア・オルロワ、イリーナ・パンクラトーワ、パパ・ラメーリ、ヤドウィガ・ロゴザ、坂井光、オリガ・サポージュニコワ、ロバート・サービス、島谷英明、コンスタンチン・シモノフ、レラ・シサウリ、ティモシー・スナイダー、タチアナ・ソボル、ハナ・ソコ、アンドレイ・ショスニコフ、イーゴリ・ストゥヤーギン、スルダン・ススニカ、鈴木真、オクサーナ・シロイド、高井宏章、田中孝幸、カタリン・トロンタン、タマラ・トラゼ、ロマン・ツマバリウク、ドミトロ・ツジャンスキー、エカ・ウドド、ブラド・ウルスリーン、ステファノ・バカラ、マデリーン・バテル、ベヌア・ビトキネ。本文と同様にこちらも敬称略とさせていただいた。お名前を挙げることができない方もいる。

2回目のモスクワ赴任直前と帰任直後に亡くなった両親、古川寿美雄と祥子に本書を献じたい。

2020年11月

古川英治

脚 注

第1章

（1）https://twitter.com/Kira_Yarmysh/status/1296291692946038784
（2）https://www.mk.ru/video/2020/08/20/ochevidec-vylozhil-video-s-krichashhim-v-samolete-navalnym.html
（3）Он вам не Димон（March 2, 2017）
https://www.youtube.com/watch?v=qrwlk7_GF9g
（4）"Russian Opposition Leader Alexei Navalny on His Poisoning "I Assert that Putin Was Behind the Crime""（Spiegel International, October 01, 2020）
（5）"Dialogue de sourds entre Macron et Poutine au sujet d'Alexeï Navalny"（Le Monde, September 22, 2020）
（6）"The Litvinenko Inquiry: Report into the death of Alexander Litvinenko"（January 2016）
（7）"Full Skripal case interview with the UK's suspects"（RT, September 13, 2018）
https://www.youtube.com/watch?v=Ku8OQNyI2i0
（8）"Top Secret Russian Unit Seeks to Destabilize Europe, Security Officials Say"（New York Times, October 8, 2019）
（9）https://www.justice.gov/file/1080281/download（July 13, 2018）
（10）"Vladimir Putin says liberalism has 'become obsolete' "（Financial Times, 27 June, 2019）
（11）"Russia Secretly Offered Afghan Militants Bounties to Kill U.S. Troops, Intelligence Says"（New York Times, June 27, 2020）
（12）"La Haute-Savoie, camp de base d'espions russes spécialisés dans les assassinats ciblés"（Le Monde, December 4, 2019）
（13）"The Gerasimov Doctrine: It's Russia's new chaos theory of political warfare. And it's probably being used on you"（Politico Magazine, September/October, 2017）
（14）"Growing number of asylum seekers opt for Arctic route to enter Europe"（Reuters, November 12, 2015）
（15）"Moscow's 'Little Kabul'"（Radio Free Europe, December 25, 2017）

(16) "Skripal Suspect Boshirov Identified as GRU Colonel Anatoliy Chepiga" (Bellingcat, September 26, 2018)
(17) "Full report: Skripal Poisoning Suspect Dr. Alexander Mishkin, Hero of Russia" (Bellingcat, October 9, 2018)
(18) "Third Suspect in Skripal Poisoning Identified as Denis Sergeev, High-Ranking GRU Officer" (Bellingcat, February 14, 2019)

第2章

(1) "3 million for Salvini" (L'Espresso, February 28, 2019)
(2) "Revealed: The Explosive Secret Recording That Shows How Russia Tried To Funnel Millions To The "European Trump" (BuzzFeed News, July 10, 2019), "Read The Full Transcript Of The Italian Far Right And Russia Oil-Deal Meeting" (BuzzFeed News, July 10, 2019)
(3) "The Strache Recordings - The Whole Story " (Spiegel International, May 17, 2019)
(4) "The Wrong Right" (National Review, June 24, 2014), "Malofeev: the Russian billionaire linking Moscow to the rebels" (Financial Times, July 24, 2014)
(5) "Putin and Schröder: A special German-Russian friendship under attack" (DW, October 9, 2020)
(6) Andrew S. Weiss, "With Friends Like These: The Kremlin's Far-Right and Populist Connections in Italy and Austria" (Carnegie Endowment for International Peace, February 2020), Heather A. Conley, Donatienne Ruy, Ruslan Stefanov, Martin Vladimirov, "The Kremlin Playbook 2: The Enablers" p28 (CSIS, March 2019)
(7) "Aide with secret past controls Zeman's campaign" (Prague Daily Monitor, May 3, 2017)
(8) "Combating Russian influence means following the money to Czech Republic" (The Hill, May 15, 2017)
(9) "Greece to expel Russian diplomats over alleged Macedonia interference" (The Guardian, July 11, 2018), "U.S. Spycraft and Stealthy Diplomacy Expose Russian Subversion in a Key Balkans Vote" (New York Times, October 9, 2018)
(10) "Russian Businessman Behind Unrest in Macedonia" (OCCRP, July

16, 2018))
(11) Bálint Magyar, Post-Communist Mafia States: The Case of Hungary (Central European University Press, February 2016)
(12) "Manafort offered to give Russian billionaire 'private briefings` on 2016 campaign" (Washington Post, September 20, 2017)
(13) Catherine Belton, Putin's People: How the KGB Took Back Russia and then Took on the West, P352 (Farrar, Straus and Giroux, June 2020)
(14) "Treasury Sanctions Russian Officials, Members of The Russian Leadership's Inner Circle, And An Entity For Involvement In The Situation In Ukraine" (U.S. Department of the treasury, March 20, 2014)
(15) ibid., "The Kremlin Playbook 2," p21

第3章

(1) "Government in exile" (The Economist, February 13, 2016)
(2) "National Economic Crime Centre leads push to identify money laundering activity" (National Crime Agency of UK, May 17, 2019)
(3) "The Russian Laundromat" (OCCRP, August 22, 2014)
(4) "British banks handled vast sums of laundered Russian money" (The Guardian, March 20, 2017)
(5) "Intelligence and Security Committee of Parliament: Russia" (21 July, 2020)
(6) Direct Line with Vladimir Putin (April 14, 2016)
http://en.kremlin.ru/events/president/news/51716
(7) "All Putin's Men: Secret Records Reveal Money Network Tied to Russian Leader" (International Consortium of Investigative Journalists, April 3, 2016) , "Russia: Banking on Influence" (OCCRP, June 9, 2016) ,
(8) "How Rich Is Vladimir Putin? U.S. Senate Wants to Know Russia President's Net Worth" (Newsweek, February 14, 2019) , "Vladimir Putin is Russia's biggest oligarch" (Washington Post, June 5, 2019) "Чисто конкретный кандидат" (The New Times, February 26, 2012)
(9) "Putin saw the Panama Papers as a personal attack and may have wanted revenge, Russian authors say" (Washington Post, August 29,

2017)
(10) “FinCEN Names ABLV Bank of Latvia an Institution of Primary Money Laundering Concern and Proposes Section 311 Special Measure”（Financial Crimes Enforcement Network, February 13, 2018)
(11) “FinCEN Files: Sanctioned Putin associate ‘laundered millions’ through Barclays”（BBC, September 20, 2020)
(12) News conference following talks between the presidents of Russia and the United States (July 16, 2018) http://en.kremlin.ru/events/president/news/58017
(13) Bill Browder, Red Notice: How I became Putin’s No.1 Enemy（Bantam Press, February, 2015)
(14) “What's really behind Putin's obsession with the Magnitsky Act”（Washington Post, July 20, 2018)

第４章

(1) “The Agency”（New York Times, June 2, 2015)
(2) “Расследование РБК: как «фабрика троллей» поработала на выборах в США” (РБК, October 17, 2017)
(3) https://www.justice.gov/file/1035477/download（February 16, 2018))
(4) “Evgeny Prigozhin’s right to be forgotten: What does Vladmir Putin’s favorite chef want to hide from the Internet?”（Meduza, June 13, 2016)
(5) “What we know about the shadowy Russian mercenary firm behind an attack on U.S. troops in Syria”（Washington Post, February 24, 2018)
(6) “Yle Kioski Traces the Origins of Russian Social Media Propaganda – Never-before-seen Material from the Troll Factory”（YLE, February 20, 2015)
(7) “How Teens In The Balkans Are Duping Trump Supporters With Fake News”（BuzzFeed News, November 3, 2016)
(8) “The Secret Players Behind Macedonia's Fake News Sites”（OCCRP, July 18, 2018)
(9) Новогодний переезд. "Фабрика троллей" перебирается из здания на улице Савушкина в БЦ бывших жертвователей

избирательной кампании Путина”（dp.ru, December 29, 2017）
(10) «Проснись, Америка» – ФАН готовит к запуску новое информационное агентство（FAN, April 4, 2018）
(11) https://edition.cnn.com/videos/world/2020/03/12/russian-trolls-ghana-ward-pkg-vpx.cnn（CNN, March 12, 2020）

第5章

(1) https://www.youtube.com/watch?v=_ZwBlGFOgNs
(2) “Ex-French Economy Minister Macron Could Be 'US Agent' Lobbying Banks' Interests”（Sputnik, February 4, 2017）
(3) “Kremlin's chief propagandist accuses Western media of bias”（BBC, June 22. 2016）
https://www.bbc.com/news/av/world-europe-36551391
(4) “Russia's Colin Powell Moment - How the Russian Government's MH17 Lies Were Exposed”（Bellingcat, July 16, 2015）, “The Kremlin’s shifting, self-contradicting narratives on MH17”（Bellingcat, January 5, 2018）
(5) “MH-17: A year without the truth”（RT, July 17, 2015）
https://www.youtube.com/watch?v=D_7dlG7qPio
(6) https://www.levada.ru/2014/07/30/katastrofa-boinga-pod-donetskom/
(7) “Weaponizing news: RT, Sputnik and targeted disinformation”（Kings College London, March 2019）
(8) ibid., “Ex-French Economy Minister Macron Could Be 'US Agent' Lobbying Banks' Interests”
(9) “How do Fake News spread?”（UNICEPTA, February 23, 2017）
(10) Peter Pomerantsev, Nothing is true and anything is possible（Faber & Faber, 2015）

第6章

(1) Хакер из «Шалтая-Болтая» заявил о сотрудничестве с ФСБ（РБК, January 9, 2019）
(2) “Russian Hackers Stole NSA Data on U.S. Cyber Defense”（The Wall Street Journal, October 5, 2017）

（3）Орки, победившие технарей Как силовики внедрились в «Лабораторию Касперского» — и к чему это привело.（Meduza, January 22, 2018）
（4）“U.S. Escalates Online Attacks on Russia’s Power Grid”（New York Times, June 15, 2019）
（5）“Bolton Says U.S. Is Expanding Offensive Cyber Operations”（The Wall Street Journal, June 11, 2019）

第7章

（1）https://euvsdisinfo.eu/report/a-new-chinese-coronavirus-was-likely-elaborated-in-nato-biolabs/, "Не верю, что это случайно": эксперт о происхождении коронавируса（Sputnik, January 22, 2020）
（2）“Soviet Influence Activities: A Report on Active Measures and Propaganda, 1986-1987”（United States Department of State, August 1987）, “Russian fake news is not new: Soviet Aids propaganda cost countless lives”（The Guardian, June 14, 2017）
（3）“The Echo-Chamber of Disinformation”（EU East StratCom Task Force, April 9, 2020）, “Russian Intelligence Agencies Push Disinformation on Pandemic”（New York Times, July 28, 2020）
（4）https://twitter.com/zlj517/status/1238111898828066823
（5）“Coronavirus Conspiracy Theory Claims It Began in the U.S.—and Beijing Is Buying It”（Wall Street Journal, March 26, 2020）
（6）https://www.youtube.com/watch?v=dlGj1RdUHUM&feature=emb_title
（7）“Data Intelligence Comunicazione Cinese in Italia”（March 30, 2020）
（8）http://www.amb-chine.fr/fra/zfzj/t1768712.htm?fbclid=IwAR1Qfy5G_PiMRtL4R6SvMrpJVEZjq_Vp3L8FvQYEP5Z3H_3RhRffcJyZuw
（9）“EEAS Special Report Update: Short Assessment of Narratives and Disinformation around the COVID-19/Coronavirus Pandemic”（April 22, 2020）
（10）ibid. “Russian Intelligence Agencies Push Disinformation on Pandemic”
（11）「中国仮訊息心戦之因応対策」（2019年5月2日、台湾国家安全局）

https://lis.ly.gov.tw/lydbmeetr/uploadn/108/1080502/01.pdf
(12) "Pressured by China, E.U. Softens Report on Covid-19 Disinformation" (New York Times, April 24,2020)
(13) 『「中国のコロナ対策に前向きなコメントを」中国がドイツに要請』(ロイター通信、2020 年 4 月 27 日)
(14) "Chinese Agents Helped Spread Messages That Sowed Virus Panic in U.S., Officials Say" (New York Times, April 22, 2020)
(15) "China blackmailing dissenters in US to return home – FBI chief" (The Guardian, July 7, 2020)
(16) 喬良、王湘穂「超限戦」(角川新書、2020 年)
(17) "Summary of the Irregular Warfare Annex to the National Defense Strategy" (U.S. Department of Defense, October 2020)
(18) Dmitri Trenin, "How Russia Can Maintain Equilibrium in the Post-Pandemic Bipolar World" (Carnegie Moscow Center, May 1, 2020)
(19) https://customs.gov.ru/folder/511?fbclid=IwAR3tZyyrMx91nz-cDHFF-dr-0EgmD7Hk2o5K7Q_SUZiSQh1pEupP6vjD6As
(20) Alexander Gabuev, "The Pandemic Could Tighten China's Grip on Eurasia" (Carnegie Moscow Center, April 24, 2020)

古川英治（ふるかわ・えいじ）
1967年、茨城県生まれ。日本経済新聞社編集局国際部次長兼編集委員。早稲田大学卒業、ボストン大学大学院修了。93年、日経新聞入社。商品部、経済部などを経て、モスクワ特派員（2004～09年、15～19年）。その間、イギリス政府のチーヴニング奨学生としてオックスフォード大学大学院ロシア・東欧研究科修了。世界の大統領から工作員、犯罪者まで幅広く取材。本書は初の単著となる。

破壊戦（はかいせん）

新冷戦時代（しんれいせんじだい）の秘密工作（ひみつこうさく）

古川英治（ふるかわえいじ）

2020 年 12 月 10 日　初版発行
2022 年 4 月 10 日　再版発行

◆◇◇

発行者　青柳昌行
発　行　株式会社KADOKAWA
〒102-8177　東京都千代田区富士見 2-13-3
電話　0570-002-301（ナビダイヤル）

装 丁 者　緒方修一（ラーフイン・ワークショップ）
ロゴデザイン　good design company
オビデザイン　Zapp!　白金正之
印 刷 所　株式会社KADOKAWA
製 本 所　株式会社KADOKAWA

角川新書

ISBN978-4-04-082375-1 C0295

KADOKAWAの新書 好評既刊